现代高等数学教学创新思维实践探究

方晓超 著

中国纺织出版社有限公司

图书在版编目（CIP）数据

现代高等数学教学创新思维实践探究 / 方晓超著.
北京 ：中国纺织出版社有限公司，2024. 6. -- ISBN
978-7-5229-1917-1

Ⅰ. O13

中国国家版本馆 CIP 数据核字第 2024XL3061 号

责任编辑：张　宏　　责任校对：高　涵　　责任印制：储志伟

中国纺织出版社有限公司出版发行
地址：北京市朝阳区百子湾东里 A407 号楼　邮政编码：100124
销售电话：010—67004422　传真：010—87155801
http://www.c-textilep.com
中国纺织出版社天猫旗舰店
官方微博 http://weibo.com/2119887771
天津千鹤文化传播有限公司印刷　各地新华书店经销
2024 年 6 月第 1 版第 1 次印刷
开本：710×1000　1/16　印张：15. 25
字数：213 千字　定价：98. 00 元

前　言

作为一门最早发展起来的科学，数学产生于人类的需要，是人类文化的一个重要组成部分。随着科学技术的进步以及数学自身的不断发展，数学在人类社会文化中的地位和作用显得越来越重要。

高等数学是高等教育的基础课程之一，要提高高等数学的教学质量，首要任务是重视教学方法的创新与研究，它体现了科研方法与教学方法的辩证统一。掌握数学的最终目的是要使学生逐步学会运用数学知识、技能，并形成数学能力，运用已有能力分析和解决现代生活、社会生产和科学技术中有关数量关系和空间形式的问题。因而，学习数学不仅要掌握基本的数学知识、技能和能力，而且要掌握把它们作为解决问题的工具来使用的能力，这也是数学教学方法的探索与实践的目标之一。

本书共有六章，各章内容具体安排如下：

第一章现代高等数学教学创新理念，论述了现代教学理念的意义，高等数学教学的基础以及高等数学教学理念的创新等内容；第二章高等数学教学逻辑思维分析，其中包括教学能力培养、教学思维模式、教学逻辑基础、教师专业发展分析及教学与应用思维能力的关系等；第三章高等数学教学中的创造思维能力培养，包含思维形式、思维品质及思维能力的培养等内容；第四章与第五章分别论述了高等数学分层教学及探究式教学模式与方法；第六章阐述了高等数学教学应用实践研究，主要论述了教学美、教学心理、社会实践及教学语言的应用等内容。

纵观本书，在写作过程中笔者努力做到以下几个方面：首先，内容翔实，书中对知识点的论述依次展开，详细、严谨。其次，本书理论方面的语言逻辑严密、有序。最后，本书结构布局合理，即先从高等数学教学理论、创新分析入手，进而层层展开，在最后通过教学心理学、社会实践及教学语言等方面做到了理论与实践相结合。

本书汇集了笔者辛勤的研究成果，值此付梓之际，深感欣慰。在写作过程中，虽然在理论性和综合性方面下了很大的功夫，但由于笔者知识水平有限，书中不足之处在所难免。对此，希望各位专家学者和广大读者能够予以谅解，并提出宝贵意见，笔者当尽力完善。

方晓超

2023 年 10 月

目录

第一章　现代高等数学教学创新理念

教育是人类特有的一种有目的地培养人的社会实践活动。为了实现教育的目的和理想，也为了使教育活动更符合客观的教育规律，人们对教育现象进行观察、思考和分析，并开展交流、讨论和辩驳等，从而形成了具有普遍性、系统性和深刻性的教育思想。本章从现代教学的理念方面介绍了现代高等数学的教学创新理念。

第一节　现代教学理念的意义

一、现代教育思想的含义

从广义上说，人们对教育现象的各种各样的认识，无论是零散的、个别的、肤浅的，还是系统的、普遍的、深刻的，都属于教育思想的范畴。在狭义上，教育思想主要是指经过人们理论加工而形成的，具有思维深刻性、抽象概括性、逻辑系统性和现实普遍性的教育认识。

（一）关于教育思想的一般理解

1. 教育思想在其形成的现实基础上，具有与人们的教育活动相联系的现实性和实践性特征

通常，人们往往认为教育思想具有抽象概括性、深奥莫测性，是远离教育的实践、生活和现实的东西。其实，教育思想与人们的教育实践和生活存在着根本性的联系，它产生于教育实践活动，是适应教育实践的需要而出现的，教育实践构成了教育思想的现实基础。概括起来说有以下几点：①教育实践是教育思想的来源，当教育实践没有产生对某种教育思想的需要时，这种教育思想就不可能在社会上流行和发展；②教育实践是教育思想的对象，教育思想是对教育实践过程的反思，是对教育实践的活动规律的某种揭示和说明；③教育实践是教育思想的动力，历史上教育思想的兴衰更替和变革发展，都是教育实践推动的结果；④教育实践是教育思想的真理性标准，某种教育思想是否具有真理性，在根本上取决于教育实践的检验；⑤教育实践是教育思想的目的，教育思想正是为了满足教育实践的需要而产生的，教育实践规定了教育思想的方向。

2. 教育思想在其存在的观念形态上，具有超越日常经验的抽象概括性和理论普遍性的特征

毫无疑问，教育思想在广义上也包括人们在教育实践中获得的各种教育经验、体会、感想、观念等，但是在狭义上仅指经过理论加工而具有抽象概括性和社会普遍性的教育认识。我们在本书中所分析和概括的就是狭义上的教育思想。教育经验是现实的、鲜活的，同时是宝贵的；但是它往往具有个别性、零散性和表面性，很难概括教育过程的普遍规律和一般本质。教育工作者从事教育实践，固然需要有教育经验，但是更需要教育思想或教育理论的指导。教育思想以它的抽象概括性、逻辑系统性和现实普遍性，比教育经验更能够阐明教育过程的一般原理，揭示教育事物的普遍规律。教育工作者需要有教育理论的指导，需要有深刻的教育思想、明确的教育信念、丰富的教育见识，这些正是教育思想的理论价值所在，也是教育思想的实践意义所在。

3. 教育思想在其存在的社会空间上，具有与社会经济、政治、文化的条件及背景相联系的社会性和时代性

人们的教育实践及教育认识都是在一定的经济、政治、文化思想条件下展开的，所以教育思想内在地体现着社会发展的现状及要求，具有社会性特征。另外，人们的教育实践及教育认识也是在一定历史时代的条件及背景下进行的，所以教育思想既与人们所处的历史时代相联系，又反映这个时代的状况及要求，具有时代性特征。我们在本书中学习和研究的教育思想，不仅与我国社会主义改革开放和现代化建设相联系，反映着我国教育事业改革及发展的要求，而且与世界当代经济、政治、科技、文化的发展相联系，反映着世界当代教育变革的现状及其思想动向，具有社会性和时代性特征。

4. 教育思想在其存在的历史向度上，具有面向未来教育发展及其实践的前瞻性和预见性

教育思想源于教育实践，又服务于教育实践，而教育是面向未来培养人才的社会实践，所以教育思想具有前瞻性和预见性。特别是在当代，人类历史正在加速进步和发展，教育事业的发展更具有超前性和未来性，而发挥指导作用的教育思想的前瞻性和预见性日益明显。当然，教育思想还具有历史的继承性，它要总结以往教育实践的历史经验，继承以往教育思想的精神成果，但是，教育思想在根本目的上是要服务和指导当前及未来的教育实践的。所以，教育思想在历史向度上具有更突出的前瞻性和预见性的特征。

（二）关于现代教育思想的概念

我们所称的现代教育思想，确切地说，是指以我国进入新时期以来的改革开放和社会主义现代化建设为社会背景，以近代以来特别是20世纪中叶以来世界现代化的历史进程及人类的教育理论与实践为时代背景，研究我国当前教育改革的现实问题，以阐明我国教育现代化进程的重要规律的教育思想。当然，学术界对“什么是现代教育”和“什么是现代教育思想”，有着各种各样的理解和看法。本书着眼于我国教育现代化和教育改革实践的现代需要，并将概括出来的教育思想称为“现代教育思想”。另外，现代教育思想有着丰富的内容，我们只是就其中的一些内容进行了分析，目的在于使大家了解对我国教育改革实践比较有影响的思想及观点，从而使大家提高教育理论素养，树立现代教育观念。从这种意义上说，本书所论述的只是现代教育思想的若干专题。

1. 现代教育思想是以我国社会主义教育现代化为研究对象的教育思想

任何教育思想都有它特定的研究对象，或者说特定的教育问题。本书所说的现代教育思想以我国社会主义教育现代化中的教育改革和发展问题为对象，是关于我国社会主义教育改革和发展的教育思想。本书所分析的科教兴国思想、素质教育思想、主体教育思想、科学教育思想、人文教育思想、创新教育思想、实践教育思想、终身教育思想、全民教育思想等，都是从我国当前教育改革和发展的实践中提炼和概括出来的，着眼于探索和解答我国社会主义教育现代化的问题。教育现代化是我国当前教育改革和发展的目标和主题，我们的一切教育实践活动都是在这个总的目标和主题下展开的，所以说我们的教育实践是现代教育实践，我们探讨的教育问题是现代教育问题，我们概括的教育思想是现代教育思想。从人类历史发展的角度看，我们处于现代教育发展的历史阶段。根据这一点，我们可以把以我国社会主义教育现代化为研究对象的教育思想称作“现代教育思想”。

2. 现代教育思想是以我国新时期以来社会主义改革开放和现代化建设为社会基础的

现代教育思想，不仅以我国社会主义教育现代化为研究对象，而且以我国新时期以来社会主义改革开放和现代化建设为社会背景。因为社会主义教育改革实践是和我国整个改革开放事业联系在一起的，社会主义教育现代化是我国社会主义现代化事业的有机组成部分。所以，我们所说的现代教育思想，是以我国的改革开放和现代化建设为社会基础的；我们所分析的教育思想及观念，是以我国社会主义经济、政治、科技、文化的发展为背景的。教育是一项社会事业，是为社会的进步和发展服务的，社会经济、政治、文化科技不仅为教育发展提供了客观条件，而且决定着教育发展的现实需求。我国教育事业的改革和发展以及教育现代化的目标，从根本上说反映着我国新时期社会主义改革开放和现代化建设的要求，正是改革开放和现代化建设对人才和知识的巨大需求，推动了教育事业的改革和发展。从这种意义上说，大家所要学习的现代教育思想，实际上就是我国改革开放和现代化建设所要求的教育思想。

3. 现代教育思想是以近代以来特别是20世纪中叶以来世界现代化进程及教育理论和实践的发展为时代背景的

虽然说本书概括的教育思想是立足于中国社会现实和实际的，但是又与近代以来特别是20世纪中叶以来世界现代化进程及教育理论和实践的发展相联系。中国的发展离不开世界，中国的现代化也是世界现代化的一部分。我国当前的教育改革和发展不仅要以世界现代教育的历史进程为参照系，而且要与世界各国加强教育交往和联系，学习和借鉴世界先进的教育经验和成果。从历史上看，随着现代工业生产、市场经济和科学技术的发展，世界各国的教育交往和联系日益增多，关起门来发展教育事业越发不现实。事实上，我国当前的教育改革与发展和世界当代教育的改革实践及思潮演变有着密切的联系。我们需要研究世界当代教育发展的普遍规律，需要把握世界教育发展的普遍趋势。例如，我国实施的科教兴国战略就是在总结世界各国现代化实践经验的过程中提出来的，它反映了近代以来人类现代化进程的普遍规律。又如，本书所要分析的科学教育思想和人文教育思想，就不仅体现着我国当前教育改革实践的要求，而且是近代以来世界教育发展进程中的重要观念和思潮。现代人的全面发展，不仅需要接受现代科学教育，而且应当接受现代人文教育，两者不能偏废。现代教育的历史经验表明，无论忽视科学教育还是偏废人文教育，都是十分有害的。总之，本书所分析的教育思想是以世界现代化历史特别是当代的进程为背景的，是与人类现代教育的理论和实践联系在一起的，也可以说是人类现代教育思想的一个组成部分。

二、现代教育思想结构和功能

学习现代教育思想，需要了解它的结构和功能。教育思想是一个系统，系统的内部有着多样的结构。教育思想在现实中发挥着重要的作用，即教育思想具有一定的功能。研究教育思想的结构和功能，能帮助我们深化对教育思想的认识和理解，使我们弄清楚教育思想的不同形式和类型，以及它们各自发挥着什么样的作用，从而更好地建构我们的教育思想，指导我们的教育实践。

（一）现代教育思想的结构

对于教育思想的结构，不同的人有不同的理解，也会做出不同的概括。在这里，我们根据我国教育思想与实践的现实关系状况，将教育思想划分成理论型的教育思想、政策型的教育思想和实践型的教育思想三个部分。这三个部分既相互区别又相互联系，形成我国教育思想的一种结构。当然，这种结构分析只具有相对的意义，是本书的一种概括，现代教育思想的结构还可以从其他视角进行分析。

1. 关于理论型的教育思想

理论型的教育思想，是指由教育理论工作者研究的教育思想，这是一种以抽象的理论形式存在的教育思想。在当代，教育思想的形成和发展，离不开教育理论工作者对教育问题的科学研究，离不开他们对教育经验的总结和概括。在我国，活跃在高等院校和各种教育研究机构的教育理论工作者，是一支专门从事教育理论研究的队伍，他们虽然不能长期从事教育教学一线的工作，但是对我国教育思想的研究和教育科学的发展起着重要的作用。教育思想源于教育实践及教育经验，但是又必须高于教育实践及教育经验。教育经验经过理论上的抽象和概括，虽然少了一些直接感受性和现实鲜活性，但是却将教育经验上升到理论的高度，获得了一种普遍的真理价值和特殊的实践意义。理论型的教育思想有着一张严肃的“面孔”，学起来感到很晦涩、很费解，不容易领会和掌握，但是它却以理论的抽象概括性，揭示着教育过程的普遍规律和教育实践的根本原理。我们今天的教育实践不同于古人的教育实践，它越来越需要现代教育思想的指导，越来越需要教育工作者具有专门的教育理论意识和素养，越来越需要在教育理论指导下的自觉教育实践。理论型教育思想的形成既是现代教育发展的一种客观趋势，也是我国当前教育改革和发展及教育现代化的迫切需要。

2. 关于政策型的教育思想

所谓政策型的教育思想，是指体现于教育的法律、法规和政策中的教育思想，这是国家及其政府在管理和发展教育事业的过程中，以教育法律、法规和政策等表达的教育思想。例如，我国颁布实施的《中华人民共和国教育法》明确规定：“教育必须为社会主义现代化建设服务、为人民服务，必须与生产劳动和社会实践相结合，培养德智体美劳全面发展的社会主义建设者和接班人。”这是我国以法律的形式颁布实施的教育方针，它从总体上规定了我国教育事业发展的根本指导思想，培养人才的一般规格，以及实现教育目的的基本途径。毫无疑问，这一教育方针的表述体现着党和政府的教育主张，代表着广大人民群众的利益和要求，是对我国现阶段教育事业的性质、地位、作用、任务，人才培养的质量、规格、标准，以及人才培养的基本途径的科学分析和认识。广大教育工作者需要认真学习这一教育方针，领会它的教育思想及主张，把握它的实践规范及要求。政策型教育思想是一个国家或民族教育思想体系的重要组成部分，在人类教育思想和实践的历史发展中占有重要的地位。

3. 关于实践型的教育思想

所谓实践型教育思想，是指由教育理论工作者或实际工作者面向教育实践进行理论思考而形成的以解决现实教育实践问题的教育思想。这类教育思想区别于理论型教育思想。如果说理论型教育思想着重探索和回答“教育是什么”的问题，那么实践型教育思想则旨在思考和解决“如何教育”的问题。这类教育思想也区别于政策型教育思想。虽说政策型教育思想和实践型教育思想都面向教育实践，但是政策型教育思想是关于国家教育实践的教育思想，实践型教育思想是关于教育者实践的教育思想。实践型教育思想不同于教育经验。教育经验是人们在教育实践中自发形成的零散的教育体验、体会及认识，而实践型教育思想是人们对教育实践进行自觉思考而获得的系统的理论认识。实践型教育思想是整个教育思想系统的有机组成部分，是教育思想发挥指导和服务教育实践的功能与作用的基本形式和环节。教育思想是为教育实践服务的，是用来指导教育实践的。不过，如果教育思想仅仅回答“什么是教育”，从而告诉人们“什么是教育的本质和规律”，那是不够的。教育思想还应当帮助人们解决如何开展教育活动的技术、技能和方法问题，从而实现教育的合目的性与合规律性的统一，提高教育的质量和效益。实践型教育思想以它对教育实践问题的研究，解决教育活动的技术、技能和方法问题，来实现教育思想指导和服务于教育实践的功能。实践型教育思想是教育思想的重要类型，是不可缺少的组成部分。这三类教育思想各有各的理论价值和实践意义，共同促进了现代教育的科学化和专业化发展。长期以来，人们比较忽视实践型教育思想的研究与开发，认为它的理论层次低、科学性不强、缺少普遍意义，而事实上它却是促进教育实践科学化的重要因素和力量。如果没有对现实教育实践问题的关注和思考，何谈现代教育技术、技能和方法？所谓促进现代教育的科学化发展也只能是纸上谈兵。当前，为了促进我国教育改革和发展，我们必须面向教育教学第一线，大力研究和开发实践型教育思想，以此武装广大教育工作者，使每一位教育工作者都成为拥有教育思想和教育智慧的实践者。

（二）现代教育思想的功能

教育思想的产生和发展并非凭空的和偶然的，它是适应人们的教育需要而出现的，我们把教育思想适应人们的教育需要而对教育实践和教育事业的发展所发挥的作用称作教育思想的功能。具体来说，教育思想具有认识功能、预见功能、导向功能、调控功能、评价功能、反思功能；概括地说，就是教育思想具有对教育实践的理论指导功能。

1. 教育思想的认识功能

教育思想最基本的功能是对教育事物的认识功能。通常，我们说教育认识产生于教育实践，教育实践是教育认识的基础。但是从另外的角度说，教育实践也需要教育认识的指导，教育认识是教育实践的向导。教育思想之所以具有指导教育实践的作用，原因在于它能够帮助人们深刻地认识教育事物，把握教育事物的本质和规律。人们一旦掌握了教育的本质和规律，就可以改变教育实践中的某种被动状态，获得教育实践的自由。教育思想的指导功能就体现在指导人们认识教育本质和规律的过程中。美国教育家杜威曾说过："为什么教师要研究心理学、教育史、各科教学法一类的科目呢？有两个理由：第一，有了这类知识，他能够观察和解释儿童心智的反应，否则便易于忽略。第二，懂得了别人用过的有效的方法，他能够给予儿童以正当的指导。"应当说，教育思想旨在促进我们对教育事物的观察、思考、理解、判断和解释，从而超越教育经验的限制，进入对教育事物更深层次的认识。当然，他人的教育思想并不能构成人们的教育智慧，教育智慧是不能奉送的。教育思想的认识功能，只是在于启发人们的观察和思考，提高人们的认识能力，帮助人们形成自己的教育思想和观点，从而使人们成为拥有教育智慧的人。在历史上，教育家们的教育思想是各种各样的，这些教育思想之间也常常是相互冲突的。如果我们以为能够从前人那里获得现成的教育真理，那就势必陷入各种教育观念的矛盾之中。我们学习前人的教育思想，只是接受教育思想的启迪，不断充实自己的教育思想，提高认识水平，切勿照抄照搬，这才是教育思想的认识功能的本义所在。

2. 教育思想的预见功能

所谓教育思想的预见功能，是说教育思想能够超越现实、预测未来，告诉人们现实教育的未来发展前景和趋势，从而帮助人们以战略思维和眼光指导当前的教育实践。教育思想之所以具有预见功能，是因为教育思想能够认识和把握教育过程的本质和规律，能够揭示教育发展和变化的未来趋势。教育现象和其他社会现象一样，是有规律的演变过程，现实的教育发展既存在着与整个社会发展的系统联系，又存在着与它的过去及未来相互依存的历史联系。由于这一点，那些把握了教育规律的教育思想就可以预见未来，显示其预见功能。1972 年，由联合国教科文组织国际教育发展委员会编写的《学会生存——教育世界的今天和明天》一书中曾写道："未来的学校必须把教育的对象变成自己教育自己的主体，受教育的人必须成为教育他自己的人；别人的教育必须成为这个人自己的教育。这种个人同他自己的关系的根本转变，是今后几十年内科学和技术革命中所面临的最困难的一个问题。"50 年过去了，历史证明这一论断是正确的。

尊重学生的主体地位，重视学生的自我教育，正成为中外教育人士的普遍共识和实践信条。随着信息革命的蓬勃发展和知识经济时代的到来，网络教育进一步发展，学生自我教育呈现出不可阻挡的发展趋势。在知识经济和终身教育时代，一个完全依靠教师获取知识的人是难以生存的，学会自我教育是每个人的立身之本。这说明，教育思想可以预见未来，而我们学习和研究教育思想的一个重要目的就是开阔视野、预测未来，以超前的思想意识指导今天的教育实践。

3. 教育思想的导向功能

无论是一个国家或民族教育事业的发展，还是一个学校或班级的教育活动，都离不开一定的教育目的和培养目标，这种教育目的和培养目标对于整个教育事业的发展和教育活动的开展都起着根本的导向作用。教育目的和培养目标是教育思想的重要内容和形式，教育思想通过论证教育目的和培养目标来指导人们的教育实践，从而发挥着导向功能。教育学把这种教育思想称为教育价值论和教育目的论。古往今来，人类的教育实践始终面临着“培养什么样的人”“为什么培养这样的人”“怎样培养这样的人”等基本问题，这些问题都需要进行价值分析和理论思考，于是就形成了关于教育目的和培养目标的教育思想。在历史上，每个教育家都有他自成一体的特色鲜明的教育思想，而在他的教育思想体系中又都有关于教育目的和培养目标的思考和论述。也正是教育家们对于“培养什么样的人”等问题的深邃思考和精辟分析，启发并引导人们从自发的教育实践走向自觉的教育实践。总之，教育思想内在地包含着关于教育目的和培养目标的思考，因此，教育思想对于人们的教育实践具有导向的功能。

4. 教育思想的调控功能

通常我们说教育是人们有目的、有计划和有组织的培养人才的实践活动，但是这并非说教育工作者的所有活动和行为都是自觉的和理性的。这就是说，在现实的教育实践过程中，教育工作者由于主观或客观的原因，也常会做出偏离教育目的和培养目标的事情来。就一所学校乃至一个国家的教育事业来说，由于现实的或历史的原因，人们也会制定出错误的政策，做出违背教育规律的事情。那么，人们依靠什么来纠正自己的教育失误和调控自己的教育行为呢？这就是教育思想。教育思想具有调控教育活动及行为的功能。因为教育思想可以超越现实、超越经验，能够以客观和理性的态度去认识和把握教育的本质和规律。当然，这并不是说所有的教育思想都毫无例外、毫无偏见地认识和把握了教育的本质和规律，这也是不可能的。然而，只要人们以理性的精神、科学的态度和民主的方法，去倾听不同的教育思想、主张、意见，并且及时地调控自己的教育活动及行为，就可以少犯错误、少走弯路、少受挫折，从而科学合理地开展教育活动，保证教育事业的健康发展。若是如此，教育思想就发挥和显示了它的调控功能。在当前，我国教育改革和发展正面临着新的历史条件和机遇，也面临着新的问题和挑战。我们应当努力学习和研究教育思想，充分发挥教育思想的调控功能，从而科学地进行教育决策，凝聚各种教育力量，促进教育事业沿着正确的方向和目标发展。如果每个教育工作者都能够坚持学习和研究教育思想，就可以不断地调控和规范我们的教育行为和活动，从而提高教育实践的质量和效益。

5. 教育思想的评价功能

对于教育活动过程的结果，人们需要进行质量、效率和效益方面的评价。近代以来，随着教育规模的扩大和投入的增加，教育的经济和社会效益多样化和显著化，教育管理科学化和规范化，使教育评价越来越受到人们的重视。通常来说，人们以教育方针和教育目的作为评价人才培养的质量标准，而教育的经济和社会效益还要接受经济和社会实际需要的检验。但是，我们也要看到教育思想也具有教育评价的功能。教育思想之所以具有评价的功能，是因为教育思想能够把握教育与人的发展及社会发展的关系，揭示教育与人及社会之间相互作用的规律性，从而为评价教育活动的结果提供理论的依据和尺度。事实上，人们在教育实践的过程中，经常以一种教育价值观、教育功能观、教育质量观、教育效益观等作为依据和尺度，对教育过程的结果进行评价，以此指导或引导我们的教育行为过程。在当前的教育改革和育人实践中，我们不仅需要接受事后的和客观的社会评价，而且应当以先进而科学的教育思想经常评价和指导我们的教育实践，从而促进教育过程的科学化、规范化，以提高教育的质量、效率和效益。现在，人们学习和研究教育思想的一个重要任务，就是要提高自己的教育理论素养，用科学的教育思想包括教育价值观、质量观、人才观等，自觉地分析、评价和指导我们的教育行为及活动。用科学的教育思想分析和评价自己的教育实践活动，这是提高每一个教育工作者的教育教学水平、管理水平及质量的有效方法和重要途径。

6. 教育思想的反思功能

对于广大教育工作者及其教育实践活动来说，教育思想的一个重要作用，就是促进人们进行自我观照、自我分析、自我评价、自我总结等，使教育者客观而理性地分析和评价教育行为及结果，从而增强自我教育意识，学会自我调整教育目标、改进教育策略、完善教育技能，最终由一个自发的教育者变成一个自觉而成熟的教育者。大量事实表明，一个人由教育外行变成教育行家，需要一种自我反思的意识、能力和素养，这是教师成长和发展的内在根据和必要条件。我国古代思想家老子曾说过："知人者智，自知者明。胜人者有力，自胜者强。"这告诉我们，人贵有自知之明，真正的教育智慧是自省、自知、自明、自强，在自我反思中学会教育和教学。不过，一个人能够进行自我反思是有条件的，条件之一就是学会教育思维，形成教育思想，拥有教育素养。人们正是在学习和研究教育思想的过程中，深化了教育思维，开阔了教育视野，增强了自我教育反思的意识和能力。应当说，日常工作经验也能够促进人们的教育反思，但是教育经验的狭隘性和笼统性往往限制了这种反思能力和素质的提高与发展。相较于教育经验，教育思想有着视野开阔、认识深刻等优越性，所以更有利于人们增强自己的教育反思能力和素质。为什么我们说教育工作者有必要学习和研究教育思想，好处在于它能够增强人们教育反思的意识和能力，提高素质，从根本上促进教育工作者的成长和发展。

三、现代教育思想建设和创新

在我国教育现代化的当代进程中，学校教育教学和整个教育事业的改革和发展，都面临着教育思想的建设和创新问题。随着我国改革开放和现代化建设事业的深入发展，以及世界科技经济信息化、网络化、全球化浪潮的涌动，我国教育事业及教育实践将持续面临新的形势、新的挑战、新的环境、新的条件。在这样的时代背景下，教育工作继续墨守成规和迷信经验是行不通的，必须加强教育思想的建设和创新，必须用新的教育思想武装和壮大自己，这是使我们成为一个新型的教育工作者的重要保证。

（一）教育的思想建设

一般说来，一个国家、一个地区或一所学校，在教育建设上应当包括教育设施建设、教育制度建设和教育思想建设三个基本方面。实现教育现代化，必须致力于教育设施现代化、教育制度现代化和教育思想现代化，其中教育思想现代化是教育现代化的观念条件、心理基础和精神支柱。有人将教育思想建设比作计算机的"软件"部分，整个教育建设没有"硬件"建设不行，没有“软件”建设同样不行。因此，在当前教育改革和教育现代化的过程中，我们应当高度重视并大力加强教育思想建设，以教育思想建设引导和促进教育设施建设和教育制度建设。

教育思想是人才培养过程中最重要的因素和力量。说到育人的因素，人们想到的往往是教师、课程、教材、方法、设施、手段、制度、环境、管理等，其实教育思想才是人才培养的最重要的因素和力量。教育过程在根本上是教育者与受教育者之间的心理交往、心灵对话、情感沟通、视界融合、精神共体、思想同构的过程。在这个过程中，教育者正是以深刻而厚重的教育思想、明确而坚定的教育信念、丰富而多彩的教育情感、民主而平实的教育作风等，搭起与受教育者交往、交流、沟通、对话、理解、融合的教育“平台”。现在人们都知道一个朴素的教育真理，教师应当既作“经师”又作“人师”，将“教书”和“育人”统一起来。一个教育者只拥有向学生传授的文化知识和某些教育教学技能，还不算是一个理想的优秀的教师；理想的优秀的教师必须拥有自己的教育思想，能够以此统率文化知识的传授、驾驭教育教学技能和方法，实际上就是能够用教育思想感召人、启发人、激励人、引导人、升华人。缺乏教育思想，教育活动就成为没有灵魂、没有内涵、没有精神、没有人格、没有价值的过程，也就很难说是真正的人的教育。广大教师应当重视自己教育思想的建设和教育理念的升华，使自己成为教育家式的教育工作者。

教育思想也是学校教育管理的最重要的因素和力量。说到学校管理，许多人认为，这是校长用上级领导所赋予的行政权力和权威，对学校教育事务和资源进行组织、领导和管理的过程，如制订计划、进行决策、组织活动、检查工作、评价绩效等。并且不少人认为，校长领导和管理学校及教育，最重要的资源和力量是国家的教育方针政策和上级所赋予的行政权力和权威，有了这一切，就可以组织、领导和管理好一所学校。然而，著名教育家苏霍姆林斯基并不这样看，他的一个重要思想是：所谓“校长”绝不是习惯上所认为的“行政干部”，而应是教育思想家、教学论研究家，是全校教师的教育科学和教育实践的中介人。校长对学校的领导首先是教育思想的领导，而后才是行政的领导。校长是依靠对学校教育的规律性认识来领导学校的，是依靠形成教师集体的共同“教育信念”来领导学校工作的。苏霍姆林斯基的这一观点是教育管理上的真知灼见和至理名言，揭示了教育思想在教育管理上的根本地位和独特价值。大量的事例说明，缺乏教育思想的教育权力只能给学校带来混乱或专制，不能将教育方针转化为自己教育思想的校长，只能办一所平庸的学校，而不可能办出高质量、有特色的优秀学校。学校的建设，固然需要增加教育投入，改善办学条件，建立和健全学校各项规章制度，但更重要的是必须加强学校的教育思想建设，必须构建学校自己有特色的教育思想和理念，这是学校教育的灵魂所在，也是办好学校的根本所在。

教育思想还是一个民族或国家教育事业发展的重要因素和力量。在国家教育事业的建设中，不仅要重视教育设施的建设和教育制度的建设，还要重视教育思想的建设。从历史上看，无论世界文明古国还是近代民族国家，在发展教育事业的过程中，都十分重视教育思想的建设，在形成民族教育传统及特色的过程中，不仅发展了具有民族特点的教育制度、设施、内容和形式，而且以具有鲜明民族个性的教育思想而著称于世。在一个民族或国家的教育体系及其个性中，处于核心地位、具有灵魂意义的就是教育思想。当我们说到欧美教育传统的时候，那就必然提及古希腊和古罗马时代的一些著名教育家及其教育思想，如苏格拉底、柏拉图、亚里士多德、昆体良等。当我们说到中华民族教育传统的时候，那就必须提及孔子、墨子、老子、孟子、荀子，以及他们的教育思想。历史上，许许多多这样的大教育家以他们博大精深的教育思想，播下了民族教育传统的种子，奠立了民族教育大厦的基石。在致力于教育现代化的今天，虽然各国的教育建设和发展由于科技经济国际化和全球化的影响而表现出越来越多的共同点和共同性，但它们正是通过具有民族传统和个性的教育思想建设继承并发展了自己民族的教育事业。教育思想是民族教育传统之魂，教育思想又是国家教育事业之根。大力加强教育思想建设，这是一个民族或国家教育事业发展的基础和灵魂，只有搞好教育思想建设，才能为教育设施建设和教育制度建设提供思想蓝图和价值导向。

教育思想建设是一项复杂的系统工程，它包括许多方面或领域，与教育其他建设紧密联系在一起，需要做大量工作。教育思想建设对于教育者个人、学校系统和国家教育事业来说，有着不同的目标、任务、领域、内容、形式和方法，但是大体上都包括经验总结、理论创新、观念更新等过程和环节。

教育思想建设，需要对现实的和以往的教育经验进行总结，这是一个不可缺少的环节。无论教育者个人、学校系统还是整个国家教育事业，在进行教育思想建设的过程中，都离不开总结现实的和以往的教育经验。教育经验既是对教育现实的直接反映和认识，又是对以往教育实践的历史延续和积淀，它是教育思想建设的历史前提和现实基础。教育经验具有直接现实性，它与广大教育工作者的教育实践直接联系；教育经验又具有历史继承性，它是过去教育传统在今天教育实践中的延续和发展。它的现实性保证了教育思想建设与教育现实的联系，它的历史性又保证了教育思想建设与教育传统的联系。教育者在进行教育思想建设的过程中，千万不能贬低和忽视教育经验，要善于从教育经验中了解现实和贴近现实，从教育经验中总结历史和继承传统，让教育思想建设扎根于现实实践和历史传统，使之有一个坚实的基础。总结教育经验，是教育思想建设的前提和基础，是教育思想建设工作的重要内容之一。

教育思想建设离不开教育理论的创新，没有教育理论的创新就谈不上教育思想建设。所谓教育理论创新，就是面向未来研究教育的新形势、新趋势、新情况、新问题，提出教育的新理论、新学说、新主张、新观念。教育思想建设是一个面向未来、预测未来和把握未来，从而确立指导当前教育实践和教育事业改革及发展的教育理论、理念、观念体系的过程。教育思想建设需要总结教育经验，但是更需要进行教育理论创新。教育事业是面向未来的事业，教育实践是面向未来的实践，教育实践本质上需要具有未来性和创新性的教育理论来指导。在科技经济社会迅速变革和发展的今天，现代教育思想建设越来越需要面向未来进行教育理论创新和观念创新。教育理论创新可以给教育思想建设开阔视野、指明方向、深化基础、丰富内容、增添活力，使教育思想建设具有创新性、前瞻性、预见性、导向性等，从而能够指引现实教育实践及整个教育事业成功地走向未来。

教育思想建设还需要进行教育理论的普及和教育观念的更新。教育改革和发展不仅是人们教育实践及行为不断改变、改进、改善的过程，而且是人们教育理念及观念不断求新、创新、更新的过程。教育思想建设，无论一个国家还是一所学校，都需要面向教育工作者个人进行教育理论的普及和教育观念的更新。一方面，要用科学的教育理论和先进的教育思想武装人们的头脑，让广大教育工作者学习和研究新的教育理论思想；另一方面，要推动广大教育工作者转变过时的教育思想和观念，形成适应时代和面向未来的新教育观念和理念。教育思想建设，只有将科学的教育理论和先进的教育思想转变为广大教育工作者的教育观念和行动理念，才能够树立起扎根于现实并指导教育实践的教育思想大厦，才能够变成推动教育实践和教育事业发展的强大物质力量。校长和教师要在学习和研究现代教育理论和思想的过程中，不断地建构自己的教育思想，形成自己的教育理念、观念和信念，这既是校长和教师成为教育家式的教育工作者的要求，也是教育思想建设的根本目的。推动现代教育思想的普及，促进广大教育工作者的观念更新和创新，是教育思想建设的重要任务和目的。

（二）教育的思想创新

在科学技术突飞猛进、知识经济蓬勃发展、国力竞争日趋激烈的今天，我们必须实施素质教育，致力于发展创新教育，重点培养学生的创新精神和实践能力。在这种形势下，我们也必须致力于教育思想创新和教育观念更新，没有教育思想创新和教育观念更新，就不可能创造性地实施素质教育，建立创新教育体系，培养创造性的人才。前面已经提到，在教育者个人、学校和国家的教育思想建设中，教育思想创新都处于十分突出的位置，是教育思想建设的一个重要环节。今天，无论从教育思想建设还是从教育实践发展上说，教育思想创新都应受到高度重视，得到加强，并应成为每一个教育理论工作者和教育实践工作者追求的目标。

教育思想创新是一个基于新的时代、新的背景、新的形势，以新的方法、新的视角、新的视野，研究教育改革和发展过程中的新情况、新事实、新问题，探索教育实践的新观念、新体制、新机制、新模式、新内容和新方法的过程。首先，教育思想创新是新的时代、新的背景、新的形势的客观要求。现代科技经济社会的发展和进步，正在使教育面临前所未有的时代背景和外部环境，教育事业的发展和人们的教育实践必须面对新的形势，把握新的时代，适应新的要求。人们只有通过教育理论创新才能迎接时代的挑战，更好地从事教育教学实践，促进教育事业的改革和发展。其次，教育思想创新是对教育事业发展和人们教育实践中的新情况、新事实、新问题的探索过程。随着科技经济社会的发展和进步，教育发展正在出现大量新的情况、新的事实、新的问题。如网络教育、虚拟大学、素质教育、主体教育、生态教育、校本课程、潜在课程等，这些都是几十年前还不存在的新名词、新术语、新概念，当然也是教育改革和发展中的新情况、新事实、新问题。如果我们不研究这些教育新情况、新事实、新问题，不发展教育的新思想、新观点、新看法，怎么能够做一个现代教育工作者呢？再次，教育思想创新表现为一个基于新的教育观和方法论即思想认识的新方法、新视角、新视野，研究教育改革和发展及教育实践中的矛盾和问题的过程。用新的思想方法、新的观察视角和新的理论视野探索和回答教育现实问题，是教育思想创新的关键所在。教育思想创新最主要的就是理论视野的创新、观察视角的创新和思想方法的创新。没有这些创新就不可能有教育实践的新思路、新办法、新措施。最后，教育思想创新应体现在探索教育改革和发展及教育实践的新思路、新办法、新措施上，着眼于解决教育改革和发展中的战略、策略、体制、机制、内容、方法等现实问题。教育思想创新是为教育实践服务的，目的是解决教育实践中的矛盾和问题，从而推动教育事业的改革和发展。所以，教育思想创新要面向实践、面向实际、面向教育第一线，探索和解决教育改革和发展中的各种现实问题，为教育改革和教育实践提供新思路、新方案、新办法、新措施。教育思想创新是一个复杂的过程，涉及理论和实践的方方面面，我们只有认识其内在规律才能搞好这项工作。

教育思想创新包括多方面的内容，可以说涉及教育的所有领域，就是说各个教育领域都有思想创新问题。但是，按照本书对教育思想的类型划分，可以概括为理论型的教育思想创新、政策型的教育思想创新和实践型的教育思想创新。理论型的教育思想创新是教育基本理论层面的思想创新，涉及教育的本质论、价值论、方法论、认识论等，涵盖教育哲学、教育经济学、教育社会学、教育人类学、教育政治学、教育法学等各学科领域。在教育基本理论层面上进行思想创新，有着重要的理论和实践意义，它通过对教育基本问题的理论创新，深化对教育基本问题的认识，从而为教育事业和教育实践提供新的理论基础。政策型的教育思想创新是宏观教育政策层面的思想创新，涉及政府在教育改革和发展上的方针政策和指导思想。制定和推行各项教育政策，不仅需要面对国家教育事业改革和发展的现状及其存在的矛盾和问题，而且需要以一定的教育思想作为理论依据。通过政策型的教育思想创新，可以促进教育决策及其政策的理性化和科学化，使教育决策及其政策适应迅速变化的形势，越来越符合教育发展的客观规律。实践型的教育思想创新是针对教育教学实践的思想创新，涵盖学校教育、家庭教育和社会教育等领域，涉及学校运营和管理、班级教育教学，以及德育、智育、体育和美育等教育实践问题。教育教学实践，不仅有操作原则、规则、方法、技能等方面的问题，而且有实践的思想、理念、观念、信念等方面的问题。

只有不断对教育教学实践进行思想创新，才能逐步优化教育教学的原则和规则，改进教育教学的方法和技能。实践型的教育思想创新对于提高教育教学质量和水平，具有特别重要的意义。

对于教育的思想创新，我们要高度重视并认真研究和加以实践，但是不能把它神秘化、抽象化。不能以为只有教育家或教育理论工作者才能进行教育思想创新，而广大中小学校长、教师及学生家长就不能进行教育思想创新。其实，教育思想创新涵盖教育的所有领域，每一个教育领域及活动都需要思想创新，而每一个教育者都是教育思想的创新主体。我们处在科技经济社会迅速发展和急剧变革的时代，教育的环境在变，教育的过程在变，教育的对象在变，教育的要求也在变。无论教育理论工作者还是教育实践工作者都不可能墨守成规，不能只靠以往取得的理论、经验、方法、技能等，去从事新的形势和条件下的教育教学实践。我们必须认真学习和研究现代教育思想，提高现代教育理论素养，致力于教育观念更新和教育思想创新；紧跟时代、把握形势、面向实际，以新思想、新观念和新理念研究教育教学实践问题，提出有创意、有特点、有实效的教育教学改革的办法和措施，从而推动我国教育事业向着现代化目标加速前进。

总之，我国教育事业的改革和发展要求我们加强教育思想建设和教育思想创新，要求我们广大教育工作者成为有思想、有智慧、会创新的教育者，要求我们的学校在教育思想建设和创新中办出特色和个性来。我们应该无愧于教育事业，无愧于改革时代，不断加强教育思想建设和教育思想创新，用科学的教育思想引领人，用高尚的教育精神感召人，为全面推进素质教育做出贡献。

第二节　高等数学教学基础探析

一、高等数学教学现状分析

（一）学生学习存在的问题

第一，学生的数学基础存在显著差异。随着高校连年扩招，普通高校招生扩大，大批量的招生导致入学的学生成绩差异增大，数学基础普遍一般。由于不少学生偏科严重，造成学生的数学基础参差不齐。

第二，学生在学习高等数学过程中缺乏学习兴趣、学习动机不明确。尽管数学在各个学科及生活中有广泛的应用，但它是一门抽象的学科，这导致很多学生缺乏学习兴趣。数学应用广泛，但在课堂教学中基本只是理论的讲解，缺少实际应用的研究，使学生感到数学似乎没什么用，不明确为什么要学习数学，意识不到学习数学的意义。

第三，学生不适应大学的学习节奏。中学阶段和大学的学习节奏差异很大，中学阶段课时短，每节课堂内容也不是很多，一般半节课讲解知识半节课做题训练，所以大部分学生基本能掌握一节课的内容；而大学课堂，课时长，每节课“满堂灌”，节奏很快，学生需要一段时间用来适应。

（二）教师教学存在的问题

1. 教学内容多与教学时间紧张的矛盾

近几年来，随着教学改革，大学的每门学科都有教学大纲要求，大部分专业的高等数学教学大纲要求内容较全面。然而，随着一些高校转型为应用技术型学校，理论教学“以应用为目的”，同时由于受到市场需求的影响，许多普通高校都在大刀阔斧地减少基础理论课课时，高等数学作为一门最重要的基础理论课也未能幸免，导致高等数学的教学时间大大压缩，高等数学成了“工具数学”。这导致在教学过程中，教师往往为了完成教学任务而疲于追赶进度，导致一些重点、难点内容难以展开，课堂内容过多，影响了教学质量和效果。

2. 教师的教学手段、方法、模式有待改进

尽管一直在讨论教学改革，研究教学方法、教学手段，但教学方法的实际应用效果还是不理想。教学过程仍然是教师讲，学生听，学生总是跟在教师后面学，教师讲什么学生就学习什么，作业布置仍然是以巩固已学过的知识为主，使学生在学习过程中对教师产生很强的依赖性，严重缺乏学习主动性和积极性。很多教师在研究教学方法时，希望能提高教学质量，但实际中教师有些受束缚，只能进行理论研究，缺乏实践改革，这主要是因为教师会受到教学大纲的内容要求、学生学习考核要求的束缚，使得教学手段、方法、模式很难改进。

3. 教师作业批改反馈需要提高

普通高校的很多高等数学课堂人数较多，虽然大部分教师能够认真批改作业，但还是由于一些原因使得作业反馈不够及时或作业讲解时间少等问题出现，从而也使学生缺乏做作业的积极性。

教师是课堂教学的主导，高等数学课堂教学的问题需要教师在各个方面改进解决，这一过程是漫长的，需要对教师减少束缚，需要教师严谨治学，需要教师不能仅限于理论研究，还要敢于放手实践，探求适合普通高校学生发展的教学策略。

学生学习与教师教学之间存在很多的矛盾，比如教师“满堂灌”地讲与

学生基础差的矛盾，教师只通过理论讲解与学生不知学习数学的意义的矛盾，等等，这些矛盾又与学校的招生规模、学校的要求有关系，所以高等数学的课堂教学改革是一个大问题。

二、关于改进高等数学教学方法的思考

（一）注重建立和谐师生关系

俗语道：“良好的开始是成功的一半。”好的开始至关重要，高等数学也不例外。因为高等数学中的基本概念都是在课程的开头讲述的，如极限的概念，而高等数学就是以极限概念为基础、极限理论为工具来研究函数的一门学科。对于刚刚入校的学生来说，这些基本概念是高等数学入门的重要环节，也是学生从“初等数学”转向“高等数学”的起步阶段。但是，由于大学与中学在教学模式、授课方法、教学内容、教学方法等方面的差异比较大，导致大一学生在学习上会有很多方面的不适应。再加上高校中谈高数“色变”，导致很多学生还没接触高等数学就开始有所抵触、缺乏信心，有些学生甚至还会有恐惧感。所以，在学生开始学习高等数学的时候，建立和谐的师生关系有助于学生克服厌学、恐学等影响教学效果的心理障碍，也有助于帮助学生建立学习高等数学的信心。作为教师，要构建和谐的师生关系，提高教学质量，可以从以下两点入手。

1. 尊重学生，建立平等的师生关系

教师和学生虽然在教学过程中分别是教育者和受教育者，但是学生作为一个独立的社会个体，在人格上与教师是平等的。教师已经不再处于高高在上的地位，除了得到学生的尊重，教师也应该尊重学生。这就要求教师在教学过程中，一定要注意自己的言行，决不能伤害学生的自尊，尤其是对于成绩不理想的学生，教师要有耐心，要给予其尊重。除此之外，在教学过程中教师也应平等对待学生。这就要求教师在教学活动中要改善传统的师生关系，树立民主平等的心态，将尊重信任与严格要求结合起来，建立起一种朋友式的友好与帮助关系。

2. 理解和热爱学生

教育家陶行知先生曾说过："真的教育是心心相印的活动，唯独从心里发出来的，才能达到心的深处。"这就说明，教育是离不开感情的，离开感情，教育也就无从谈起。大学生的世界观和人生观虽然还不够成熟，但已经逐步形成，独立意识与自觉性也已经达到较高水平，这个阶段尤其渴望得到老师的理解和关心。因此，教师要了解学生的需要，并给予适当的关心，这样，教师就会得到学生的信任。除了理解学生，教师还要热爱自己的学生，肯定学生的闪光点，这有利于促进学生的进步。课堂是教师和学生沟通的主要渠道，教师往往注重课堂上知识的传递，而忽略了情感的交流，教师深入浅出的讲解、耐心细致的答疑，都会使学生感到教师的关心和温暖。教师的目光和言语会使学生感到教师的信任和期盼，以及学习的责任和成功的希望。这样可以减少学生对学习的心理障碍，增强学习的信心和克服困难的勇气，最终提高学习的积极性和主动性。

（二）注重启发式教学

"不愤不启，不悱不发。"教育家孔子这句话说明了启发的重要性，在教学中我们也要注重启发。现代教学的指导思想是"学生为主体，教师为主导"，要体现这个指导思想，关键是看学生是否有学习积极性，而学生的学习积极性与教师的主导作用有直接的关系。因此，注重启发式教学有助于提高学生的学习积极性，进而提高学生的学习能力。教学要以人为本，学生是主体，教学应该给予学生更多独立思考的内容和时间，真正做到以学为中心而非以教为中心。在这里，启发式教学是在讲授的基础上，鼓励学生参与学习，引导学生多思考、多怀疑、多提问，这与讲授法并不矛盾。

高等数学主要是基本理论的教学，基本理论包括基本概念、基本定理、公式和法则。学生应该对这些基本理论的形成进行积极的思维活动，通过积极的思维活动，学生将新知识与已有的知识联系起来，并通过抽象、推理，建立起新的关系，学生头脑中的认知结构也得以重新建构。这是基本理论教学的关键所在。教师的主导作用就体现在加强启发性，引导学生完成这一认知活动。在教师的启发下，组织学生思考、讨论，从已有知识出发逐步找到解决问题的方法。同时，新知识呈现在学生面前，学生有了主动参与的感觉，学生的思维能力也得到了相应的提高。

（三）注重情境教学法

高等数学是以讲授为主的课程，在课堂教学中，实际情境不会很丰富、生动，很难使学生产生联想，学生往往是被动接受知识，容易产生思维的惰性。在课堂上，教师可以借助情境激发学生参与的热情，提高学生学习兴趣，使学生能够主动学习，为此，教师可以从学生比较熟悉的例子引入新知识。

另外，教师可以在相应的章节介绍一些数学史的知识，以此拓展学生对数学的了解。例如，在讲解极限理论时，介绍《庄子·天下篇》施惠语："一尺之棰，日取其半，万世不竭"，可见两千多年前就有已经有了无限的概念，并且发现了趋近于零而不等于零的量，这就是极限的概念。这种简单的介绍既能活跃课堂气氛，又能加深学生对知识的了解，并且使学生认识到了古代中国数学的成就，使学生得到了一次爱国主义的教育。高等数学中有很多复杂的变化过程，传统的板书往往无法很好地体现，此时可以考虑引入多媒体教学作为辅助教学手段，多媒体可以将复杂的变化过程直观、形象、动态地展现给学生，刺激学生感官，提高学生的兴趣和注意力。例如，在讲定积分概念时，常用"求曲边梯形面积"这一引例，板书无法体现区间无限划分这个抽象的极限思想，但多媒体就可以逐渐增加划分区间的个数，在动态画面的不断变化过程中，使学生体会到从有限到无限，小矩形面积越来越接近小曲边梯形面积的极限过程，进而让学生充分体会"分割、近似、求和、取极限"的微元法思想。

（四）注重知识的应用

在高等数学教学中，教学方法主要是侧重于介绍概念、定义，证明定理，计算推导。作为一门理论为主的课程，这在知识的传授上是没有问题的。但是，由于数学符号抽象、逻辑严密、理论高深，部分学生只好望而却步，常常会造成这样一种局面：学生知道数学很重要，也知道数学可以培养思维能力、严谨的态度和严密的推理，但是不知道数学到底能用在何处。学生对数学的实用性普遍缺乏认识，他们不理解数学的价值，学习缺乏目标和动力，

“数学无用”的观念日积月累，根深蒂固，可见加强高等数学知识应用是很有必要的。要激发学生对高等数学的学习兴趣，关键是要激发他们认识数学的重要性和应用性，这就要求教师在课堂上首先要将基本概念、定义、定理、方法讲清、讲透，其次在教学过程中还要适当地引入与课堂知识相关的数学应用案例，并且随着高校数学教学改革的进行，培养学生应用数学的意识和能力已经成为数学教学的一个重要方面。

数学建模直接面向现实，接近生活，是运用数学解决实际问题的一种常用的思想方法，体现出了数学在解决实际问题中的重要作用。通过数学建模，学生看到了数学在各个学科领域的重要应用，也感受到了学习数学的意义，增强了数学在他们心目中的地位，这有助于激发他们学习数学的兴趣。在高等数学的教学中，渗透数学建模思想，引入一些生动的建模案例，能调动学生的主观能动性，通过对案例的分析，可以提高学生的学习能力和数学应用能力，让学生意识到“数学是实际生活的需要”，提高学习数学的兴趣。例如，在学习微分方程时，引入人口增长模型、溶液淡化模型，这两个例子体现了其他学科对数学的依赖。又如，在学习零点存在定理时，可以向学生提出这样的问题：在不平的地面上能否将一把四脚等长的矩形椅子放平？这是一个日常生活中的实例，学生会感到熟悉，与自己的生活息息相关。如何将这个问题与今天所学的数学知识联系起来呢？首先可以简单做个实验，发现椅子是可以放平的。可以放平是偶然现象还是必然现象？有没有理论来支撑呢？如何用数学的知识来解释呢？通过这样的疑问，可以调动学生的兴趣和求知欲，之后再给学生讲解。这个实例，既调动了学生的兴趣，又使学生意识到了数学的有用之处，也有助于学生对于知识的认识和理解。

除此之外，可以适当地增加高等数学教材习题中应用题的比重，增加联系实际特别是联系专业实际和当前经济发展实际的应用题。在讲课过程中，教师还可以多列举一些数学知识在各行各业中具体应用的实例，这也要求教师本身应该拓宽自己的知识面。

第三节　高等数学教学理念创新

一、依托现代信息技术，构建现代化的高等数学教学内容体系

教育是国之大计、党之大计。全面提高人才培养质量，适应大发展大变革的需求，培养知识丰富、本领过硬的高素质专门人才和拔尖创新人才是党和国家对高等教育赋予的使命，这也对大学数学教育提出了更高的要求。

要发展现代化的大学数学教育，就需要有适应现代化发展的数学课程内容体系。长期以来，我国高等数学教学内容体系的改革难以跟上高等教育现代化发展的步伐，这集中表现在高等数学教材的建设上。虽然国内现行的高等数学教材中不乏优秀之作，但大部分教材过分求全求严和过分强调数学知识的系统性、完备性、严密性与技巧性，忽视了数学思想的剖析，缺少以现实世界问题为背景的实例，同时也很少将现代信息技术发展带来的成果融入教学内容，没能很好地体现现代教育的教学理念。这与国外优秀的微积分教材形成了鲜明的对比。

为改变这种现状，我们依据学校人才培养的任务、一般本科教育的特点和人的发展、社会发展的实际需求，本着厚实基础、淡化技巧、突出数学思想，加强数学实验与数学建模等应用能力的培养，充分体现数学素质在人才培养中作用的思想，组织经验丰富的教师编写了全校各专业适用的《高等数学》教材。在教材内容上，第一，注意挖掘那些有应用背景的问题，将数学建模及数学实验的思想与方法融入教材，引导学生学习如何对问题建模、求解。第二，突出数学思想，通过多角度描述来加深学生对内容的理解；强调严格的数学训练，以此培养学生不惧困难险阻的意志品质，学会在错综复杂的形式下保持清醒的头脑，果敢地处理各种问题。第三，努力贯彻现代教育思想，改革、更新和优化微积分教学内容，将数学软件的学习和使用穿插在教学内容中，始终将提高学生的数学素质和应用能力摆在首位。第四，注意经典内容向现代数学的扩展和各专业课程内容表述之间的关系，加强各课程

之间的横向联系，努力实现课程体系和内容的优化整合。第五，将国内外优秀教材的经验和我校多年来在高等数学教学改革、研究和实践中积累的成果融入教材内容，力求内容切实服务于我们的人才培养需要。同时根据不同专业需求以及拔尖人才培养的需求，实施分层教学，开设高等数学高级班、高等数学普通班、“1+1”双语教学班、“数理打通”数学分析教学班以及文科高等数学教学班，并制定和完善了不同的教学大纲，选择了不同深度和宽度的内容模块。

二、探索高等数学实验化教学模式，培养学生的探索精神与创新意识

随着科学技术的发展，人们逐渐认识到：数学不仅仅是一种“工具”或“方法”，同时是一种思维模式，即数学思维；数学不仅仅是一种知识，更是一种素质，即数学素质。我们要实现大力培养应用型人才、复合型人才和拔尖创新人才的目标，就需要加强对学生数学思维的训练和数学素质的提高，这就要求我们改变传统的、妨碍培养学生创新能力的教学观念与教学模式，去尝试一种让学生独立思考、有足够思维空间的教学模式。高等数学教学过程的实验化就是我们在实施教学改革过程中探索的一种教学模式。现代数学软件技术的发展和各高校校园网及上机条件的改善，为高等数学提供了数字化的教学环境和实验环境。将数学实验融入高等数学的日常教学中的教学改革也受到了广大教师的关注。我们的具体做法如下：

首先，在 Mathematica 软件环境支撑下，将数学建模与数学实验案例融入教材，借助数学软件，通过数学实验诠释数学问题的实质。如割圆术与极限、变化率与导数概念的引出、局部线性化与微分的讨论、积分概念的引出和级数的讨论等，另外在每节内容后面都配置了专门的数学实验问题。

其次，根据高等数学课程的教学特点，结合传统教学方式，恰当地融入多媒体技术，尤其是数学软件技术，可以采取板书加计算机演示等多种媒体相结合的教学方式。课堂教学不再是直接把现成的结论教给学生，而是借助于功能强大的数学软件技术，贯彻启发式教学思想，根据数学思想的发展与

理论的形成过程，创造问题的可视化教学情境，模拟理论的形成过程，让学生进行大量的图形和实验。数据观察，从直观想象进入发现、猜想和归纳，然后进行验证及理论提升与证明。

再次，在课堂教学中，通过演示性的数学实验引导学生理解、应用数学知识与数学软件工具，发现、解决相关专业领域与现实生活中的实际问题，如通过“三点”方式引入曲率圆和曲率半径及对教材中相关结论的比较，梯度中对地形地貌、天气预报的解释，级数中对吉布斯现象的讨论等。为此我们还编写了以实验项目形式编排，与高等数学教学进度同步的高等数学课程实验指导书。每个实验项目由问题描述、实验内容及程序、进一步讨论三个部分构成。其中，“问题描述”以实际问题为背景简要地引出相关的高等数学问题：“实验内容及程序”渐进式地开展针对性实验，从实验结果中观察、分析实验现象；“进一步讨论”或将实验进一步引向深入，或进行理论分析与探讨。通过实验项目的实践，学生可以进一步加深对数学知识、思想与方法的理解，并通过相关问题的探究，在实验中学会观察、分析与发现新的规律。

最后，我们还为高等数学课程分配了专门的实验室课时，并建设了专门的数学公共实验室，为高等数学实验性教学提供硬件与技术保障。在实验课时，我们给出开放性的实验项目，或让学生自己寻找、发现问题。学生通过所学知识或查阅资料，独立或分组进行探索性实验，借助数学工具，找到问题的解决思路与方法。例如，圆周率的各种计算方法的探索，向量积右手法则关系的讨论，最小二乘法的应用，线性函数在图像融合或图像信息隐藏与伪装中的应用等。

这种近乎全真的直观教学，实现了传统教学无法实现的教学效果。通过形与数、静与动、理论与实践的有机结合，使学生从形象的认识提高到抽象的概括，可以使抽象的数学概念以直观的形式出现，更好地帮助学生思考概念间的联系，促进新的概念的形成与理解。让学生在接受相关知识时，在感受、思维与实践应用之间架起了一座桥梁，有利于澄清一些容易混淆的概念和不易理解的抽象内容，从而达到活跃课堂气氛，提高教学效率，节省教学时间，消除学生对数学知识的困惑和激励学生积极、主动获取数学知识的目的。

三、搭建高等数学网络教学平台，拓宽师生互动维度

教育信息化首先要实现各种教学资源数字化，使之适应信息化教育、网络化与互动式教学发展的需求。现代信息技术的日益发展和校园网、园区网、因特网的逐步完善与普及，为数字化资源建设和管理提供了开放、可靠、高效的技术与管理平台。加强资源共享与教学互动对提高教学效率、保证人才培养质量有着十分重要的积极作用。

高等数学作为一门公共基础课程，具有很强的通用性，非常适合通过网络来实现开放式教学。我们的做法是：

首先，依托学校的网络教学平台，根据教学层次的不同，搭建包括高等数学Ⅰ、高等数学Ⅱ、文科高等数学、高等数学提高班、钱学森班、数学实验等在内的教学资料库（如电子教案、教学大纲、教学素材、参考资料、第二课堂等）、相关的视频点播（如课程全程录像、观摩课录像、相关学习视频等）、数学工具介绍与下载、数学实践案例与相关专题讲座、在线作业与习题库、网络考试系统、数学史料、数学文化以及相关学科的发展、研究与应用等，并根据专业特色与学校性质添加了具有个性化内容的高等数学资源库，从而达到完善和补充课堂教学内容的目的，并搭建了专门的高等数学省级精品课程网站和数学建模与数学实验国家级精品课程网站。

其次，依托方便、快捷的高速校园网、园区网扩展互动式教学范围。互动式教学的目标是沟通与发展，因此应该面向一个开放的教学空间，应该包括课堂教学之外，教师、学生之间，在现实生活和现代信息技术创设的虚拟交互环境中平等地学习、交流、讨论与开展教学活动。互动式教学中，除了采用传统的讨论式交流互动之外，也可以借助于互动式教学学习工具，如互动式电子白板、答题器、互动式教学系统来开展互动式教学，其中互动式教学系统更是打破了传统互动教学的模式，更适应高等数学教学现状。因此，我们也搭建了相应的互动交流平台，包括课程交流论坛、教师个人空间、电

子邮件和实时答疑系统等多种方式，实现学生之间与师生之间的互动交流和相关反馈信息的收集。

最后，根据多年的积累，我们专门制作了与教学内容体系相配套的整套高等数学多媒体教学软件。该软件教学内容完整，教学设计科学，创新点突出，融入了数学实验，数学素材表现力强，在使用过程中实践效果好。该软件除了在全系高等数学教员中共享外，还上传到高等教育出版社教学资源中心，实现全国范围内的数字资源共享。

经过多年的研究与实践，我们发现，将现代教育技术融入高等数学的教学改革，为学生的学习成才创造了广阔的空间。现代化的教学内容体系、实验化的教学过程、丰富多彩的数字化资源和形式多样的互动交流，很好地将数学知识、数学建模与实验、现代教育技术（尤其是数学软件技术）、数学实践与应用融为了一体。这些工作的开展不仅能够让学生深刻理解与掌握相关的数学理论、思想与方法，并能在理解中有所发展，做到学有所获、学有所悟；而且能够让学生深刻体会到学习数学的用处，也能学会如何将数学应用到自然科学、社会科学、工程技术、经济管理与军事指挥等相关的专业领域，做到学有所用、学以致用。

第二章　高等数学教学逻辑思维分析

在高等数学知识体系中，许多数学思想、方法都蕴含在大量的概念、定理、法则与解题过程中。所以，高等数学的教学不仅是知识的灌输，而应该在教学过程中，既传授丰富的知识，又传授基本的数学思想方法，让学生学会去“想数学”，拥有学会运用数学的思维方法，获得终身受益的思想方法。

第一节　高等数学教学能力培养

一、数学能力的概念与结构

（一）数学能力的概念

1. 能力

尽管我们在日常教学工作中经常说到“能力”，但究竟什么是能力，至今没有统一的定义。

我们理解能力概念时应注意以下三点：

第一，能力是一个人的个性心理特征，是个体在认识世界和改造世界的过程中，所表现出来的心理活动的恒定的特点。

第二，能力与活动关系密切。具体体现为以下几方面。其一，活动是能力产生和发展的源泉。人一生下来并不存在心理，也就不存在什么心理特性。只有通过后天的实践活动，才会产生相应的心理活动，从而逐渐形成特性，即能力。其二，能力的形成对活动的进程及方式直接起到调节、控制作用。这一点把能力与个体的性格区别开来。性格也是个体的一种心理特性，但性格的作用在于制约个体活动的倾向，对活动的进程及方式并无直接的调节、支配作用。其三，能力只有在活动过程中才能体现出来，离开了活动就不能对能力进行考察与测定。一个人如果在实践中取得了成功，达到了预期的效果，这就证实了这个人具有了进行某种活动的能力。

第三，能力是一种稳固的心理特性。这就是说，能力对活动进程及方式所发挥的调节、控制作用还具有一贯的、经常性的、稳定的特性。一个人一旦形成某种能力，就能让其在相应的活动中表现出来，并能持久地发挥作用。比如概括能力强的学生。

综上所述，我们可以这样界定能力的意义：能力是一种保证人们成功地完成某种任务或进行某种活动的稳固的心理品质的综合。

2. 数学能力

数学能力是顺利完成数学活动应具备的而且直接影响其活动效率的一种个性心理特征。它是在数学活动中形成和发展起来的，是在这类活动中表现出来的比较稳定的心理特征。

数学能力按数学活动水平可分为两种。一种是学习数学（再现性）的数学能力；另一种是研究数学（创造性）的数学能力。前者指在数学学习过程中，迅速而成功地掌握知识和技能的能力，是后者的初级阶段也是后者的一种表现，它主要存在于普通学生的数学学习活动中；而后者指数学科学活动中的能力，这种能力产生于具有社会价值的新成果或新成就中，它主要存在于数学家的数学活动中。在学生的数学学习活动中，往往会经历重新发现人们已经熟知的某些数学知识的过程。

从发展的眼光看，数学家的创造能力也正是从他在数学学习中的这种重新发现和解决数学问题的活动中逐步形成和发展起来的。所以，在我们的数学教学中通常所说的数学能力，包括学习数学的能力和这种初步的创造能力，并且这种创造能力的培养，在数学教学中已越来越引起人们的重视。因此，在中学数学教学中不能把两种数学能力截然分开，而应用联系和发展的眼光看待它们，应该综合地、有层次地进行培养。

3. 数学能力与数学知识、技能的关系探究

（1）智力与能力的关系

智力与能力都是成功地解决某种问题（或完成任务）所表现出来的个性

心理特征。把智力与能力理解为个性的东西，说明其实质是个体的差异。我们通常所说的能力有大小，指的就是这种个体差异。而智力的通俗解释就是“聪明”与“愚笨”。智力与能力的高低首先要看解决问题的水平。这也是学校教育为什么要培养学生分析问题和解决问题能力的原因。智力与能力所表现的良好适应性，体现在根据能力去完成任务，即主动积极地适应，使个体与环境取得协调，达到认识世界、改造世界的目的。智力与能力的本质就是适应，使个体与环境取得平衡。

智力与能力是有一定区别的。智力偏于认识，它着重解决知与不知的问题，它是保证有效地认识客观事物的稳固的心理特征的综合；能力偏于活动，它着重解决会与不会的问题，它是保证顺利地进行实际活动的稳固的心理特征的综合。但是，认识和活动总是统一的，认识离不开一定的活动基础；活动又必须有认识参与。所以智力与能力的关系是一种互相制约、互为前提的交叉关系。

（2）数学能力与数学知识、技能的关系

数学能力与数学知识、数学技能之间是相互联系又相互区别的。概括来说，数学知识是数学经验的概括，是个体心理内容；数学技能是一系列关于数学活动的行为方式的概括，是个体操作技术；数学能力是对数学思想材料进行加工的活动过程的概括，是个性心理特征。数学技能以数学知识的学习为前提，在数学知识的学习和应用过程中形成。

数学技能的形成可以看成是深刻掌握数学知识的一个标志。作为个体心理特性的能力，是对活动的进行起稳定调节作用的个体经验，是一种类化了的经验，而经验的来源有两方面，一是知识习得过程中获得的认知经验；二是技能形成过程中获得的动作经验。而且，能力作为一种稳定的心理结构，要对活动进行有效的调节和控制，必须以知识和技能的高水平掌握为前提，理想状态是技能的自动化。

能力心理结构的形成依赖于已经掌握的知识和技能的进一步概括化和系统化，它是在实践的基础上，通过已掌握的知识、技能的广泛迁移，在迁移的过程中，通过同化和顺应把已有的知识、技能整合为结构功能完善的心理结构而实现的。

4. 影响能力形成与发展的因素

研究影响能力形成与发展的因素，可以回答个体的智力与能力在多大程度上可以得到改变，改变的可能性有多大等问题。这些问题的讨论有助于树立关于中学生数学能力培养的正确观念。一般说来，影响能力形成与发展的因素不外乎遗传、环境与教育。它们对能力发展的作用究竟如何，心理学家们对此进行了长期而深入细致的研究，主要结论如下：

（1）遗传是能力产生、发展的前提

良好的遗传因素和生理发育，是能力发展的物质基础和自然前提。不具有这个前提，能力的培养与发展便成为无本之木、无源之水。遗传对能力发展的作用体现为以下两个方面：①遗传因素是影响智力或能力发展的必要条件，但不是充分条件。最近的研究表明：人与人之间的血缘关系越近，智能的相关程度越高。同卵孪生子的遗传相同，他们之间智力相关程度最高，这显示遗传是决定智能高低的重要因素，但绝不是决定因素。②遗传因素决定了智能发展的可能达到的最大范围。阴国恩等把遗传因素决定的智能发展可能达到的范围形象地比喻为“智力水杯”，即相当于智力潜力，它制约着儿童智力开发的最大限度。但实际上装了多少“水”还取决于后天的生活经验与环境教育，即后天的环境教育及活动经验决定了智力或能力发展的实际水平。

（2）环境与教育是智力或能力发展的决定因素

智力或能力的产生与发展，是由人们所处的社会的文化、物质环境以及良好的教育所决定的，其中教育起着主导作用。遗传因素为智力或能力的发展提供了生物前提和物质基础，确定了发展的最大上限。而丰富的文化、物质环境和良好的教育等环境刺激则把这种可能性变为现实。

环境刺激对智力或能力发展所起的决定作用，主要体现于决定了智能发展的速度、水平、类型、智力品质等方面，决定了智能开发的具体程度。一般情况下，绝大多数学生都具有发展的潜能，但能否得到充分的发展，则取决于学校、家长、社会能否为他们提供丰富的、良好的刺激环境。

尽管环境与教育是能力发展的决定因素，但一个人能否利用这些外部因素来充分开发自己的潜能，还必须取决于他的主观努力程度和意识能动水平等非智力因素，许许多多在逆境中努力奋发最后取得成功者证实了这一点。这说明，尽管智力、能力属于认识活动的范畴，但能力的发展与培养不能忽视非智力因素的作用。

（二）数学能力的成分与结构

对数学能力的认识是一种发展的过程。首先。数学学科本身在发展，这种发展改变人们的数学观，使人们对数学本质有更深刻的理解，从而导致人们对数学能力含义的理解发生变化。现代数学的理论与思想对传统数学带来巨大冲击，这些新的理论和思想渗透在数学教育中，使数学教学内容的重心转移，数学能力成分及结构也随之解构与重建。其次，社会的进步、科学的发展使数学教学目标不断有新的定位，这必然导致对数学能力因素关注焦点的改变。最后，随着心理学研究理论的不断深入，研究方法的不断创新，对数学能力的因素及结构有着不同角度的审视。

1. 数学能力成分结构概述

传统的看法认为，学生的数学能力包括运算能力、逻辑思维能力和空间想象能力，后来这种看法得以拓展，即数学能力包括运算能力、思维能力、空间想象能力以及分析问题和解决实际问题的能力。中华人民共和国成立以来，我国数学教学大纲、数学课程标准的提法基本上沿用上述观点，国内众多的学者也是持这种观点。应该说，这样划分数学能力因素在一定程度上体现了数学能力的特殊性，对我国的数学教育尤其是培养学生的数学能力起了很大的作用。但我们也可以看出，这种划分显得过于笼统和不确切。

（1）克鲁捷茨基对数学能力结构的研究

对国内学生数学能力结构研究产生重要影响的是苏联教育心理学家克鲁捷茨基。他通过对各类学生的广泛实验调查，系统地研究了数学能力的性质和结构。他认为，学生解答数学题时的心理活动包括以下三个阶段：①收集解题所需的信息；②对信息进行加工，获得一个答案；③把有关这个答案的信息保持下来。与此相适应，克鲁捷茨基提出数学能力成分的假设模式，列举了教学能力的九个成分：①能使数学材料形式化，并用形式的结构，即关系和联系的结构来进行运算的能力；②能概括数学材料。并能从外表上不同的方面去发现共同点的能力；③能用数学和其他符号进行运算的能力；④能进行有顺序的严格分段的逻辑推理能力；⑤能用简缩的思维结构进行思维的能力；⑥思维的机动灵活性，即从一种心理运算过渡到另一种心理运算的能力；⑦能逆转心理过程，从顺向的思维系列过渡到逆向思维系列的能力；⑧数学记忆力，即关于概括化、形式化结构和逻辑模式的记忆力；⑨能形成空间概念的能力。克鲁捷茨基注重分析思维过程。

（2）卡洛尔对数学能力的研究

卡洛尔采用探索性因素分析、验证性因素分析以及项目反应理论对数学能力进行了研究，得出了认知能力的三层理论。其中，第一层有 100 多种能力。第二层包括流体智力、晶体智力、一般记忆和学习、视觉、听觉、恢复能力、认知速度、加工速度。卡洛尔还研究了各种能力与数学思维的关系以及能力与现实世界中的实际表现之间的关系等。

（3）林崇德对学生数学能力结构的研究

我国林崇德教授主持的“学生能力发展与培养”实验研究，从思维品质入手，对数学能力结构作了如下描述：数学能力是以概括为基础，是由运算能力、空间想象能力、逻辑思维能力与思维的深刻性、灵活性、独创性、批判性、敏捷性所组成的开放的动态系统结构。他以数学学科传统的“三大能力”为一个维度，以五种数学思维品质（思维的深刻性、灵活性、独创性、批判性、敏捷性）为一个维度，构架出一个以“三大能力”为“经”，以五种思维品质为“纬”的数学能力结构系统。

此外，林崇德教授还对 15 个交叉点做了细致的刻画。比如，逻辑思维能力与思维的独创性的交汇点，其内涵是：①表现在概括过程中，善于发现矛盾，提出猜想给予论证；善于按自己喜爱的方式进行归纳，具有较强的类比推理能力与意识；②表现在理解过程中，善于模拟和联想，善于提出补充意见和不同的看法，并阐述理由或依据；③表现在运用过程中，分析思路、技巧独特新颖，善于编制机械模仿性习题；④表现在推理效果上，新颖、反思与重新建构能力强。

（4）李镜流等对数学能力结构的研究

李镜流在《教育心理学新论》一书中表述的观点为：数学能力是由认知、操作、策略构成的。认知包括对数的概念、符号、图形、数量关系以及空间关系的认识；操作包括对解题思路、解题程序和表达以及逆运算的操作；策略包括解题直觉、解题方式及方法、速度及准确性、创造性、自我检查、评定等。郑君文、张恩华所著的《数学学习论》写道："数学能力由运算能力、空间想象力、数学观察能力、数学记忆能力和数学思维能力五种子成分构成。"张士充从认识过程角度出发，提出数学能力四组八种能力成分，即观察、注意能力，记忆、理解能力，想象、探究能力，对策、实施能力。

2. 我国数学教育关于数学能力观的变化

1963 年，《全日制中学数学教学大纲（草案）》指出"三大能力"的教学理念是我国数学教学观念的重大发展。从 1960 年开始，"双基"和"三大能力"一直成为我国数学教学的基本要求。

1978 年、1982 年、1986 年、1990 年、1996 年的中学数学教学大纲进一步注意到解决实际问题的能力，因此在以上"双基"和"三大能力"之外，又提出了"逐步形成运用数学知识来分析和解决实际问题的能力"。1996 年的中学数学教学大纲，将"逻辑思维能力"改成"思维能力"，理由是数学思维不仅是逻辑思维，还包括归纳、猜想等非逻辑思维。1997 年以后，创新教育的口号极大地促进了数学能力的研究，于是 2000 年的中学数学教学大纲关于能力的要求，在上述基础上又增加了创新意识的培养。

进入 21 世纪，由于数学教育的需要，我国提出了数学教学的许多新理念。它突破了原有"三大能力"的界限，提出了新的数学能力观，包括提高抽象概括、空间想象、推理论证、运算求解、数据处理等基本能力。在以上基本能力基础上，注重培养学生运用数学思维提出问题、分析问题和解决问题的能力，发展学生的创新意识和应用意识。提高学生的数学探究能力、数学建模能力和数学交流能力，进一步发展学生的数学实践能力。

3. 确定数学能力成分的标准

对于确定数学能力成分的研究必须遵循一定的原则和标准，这样才能保证所做的研究是合理、有效的。

（1）数学能力成分的确定应当满足成分因素的相对完备性

所谓完备性，指数学能力结构中应包括所有的数学能力成分。但事实上要达到绝对的完备是难以做到，甚至是不可能的。对数学能力的理论研究，应尽量追求对象的完备性，而从教育的角度看，追求数学能力的绝对完备却没有实在意义。确定作为培养和发展学生的数学能力因素，要根据社会发展对培养目标提出的要求，研究哪一些数学能力成分对于培养未来公民所必备的数学素质是必不可少的因素，哪一些数学能力因素具有某种程度的迁移作用，即能促进学生综合能力的发展。

（2）数学能力成分的确定要有明确的目标性

这有两层含义，第一层含义是指所确定的能力因素确实可以在教学中实施，而且能够达到预期的目的，即能力因素具有可行性。譬如，把“数学研究能力”作为培养中学生数学能力的一个能力要素，就不具有可行性。第二层含义是指对每种数学能力成分应有比较具体可行的评价指标，因为数学能力存在着个性差异。同一种数学能力因素会在不同的学生中表现出明显的水平差异，因此要制定一个统一的标准，去衡量学生是否已具备了某种数学能力，是否达到了数学能力发展的目标。

（3）数学能力成分应满足相对的独立性

即各种能力因素符合在一定意义上的独立性与完备性相同，独立只是相对的。在确定数学能力成分时，应考虑各种能力因素的外延，尽量缩小外延相交的公共部分，避免出现两个因子的外延有相互包含的关系，使数学能力成分满足相对的独立性。否则，所确定的数学能力结构从理论上讲是不准确的，在实践中也会造成目标模糊而不便实施。

4. 数学能力的成分结构

数学能力是在数学活动过程中形成和发展起来，并通过该类活动表现出来的一种极为稳定的心理特征。研究数学能力也应从数学活动的主体、客体及主客体交互作用方式三个方面进行全方位考察。就数学活动而言，对活动主体的考察主要立足于对主体认知特点的考察，对客体的考察则主要是对数学学科特点的考察，至于主客体交互作用方式则突出表现为主体的数学思维活动方式。

数学活动包含以下心理过程：知觉、注意、记忆、想象、思维。因而，在数学活动中形成和发展起来的数学观察力、注意力、记忆力、想象力、思维力也就必然构成数学能力的基本成分。就数学学科特点、主体数学思维活动特点来分析，数学能力指用数字和符号进行运算的能力，包括运算能力、空间想象能力、逻辑推理与合情推理等数学思维能力，以及在此基础上形成的数学问题解决能力。

数学观察力、注意力、记忆力是主体从事数学活动的必然心理成分，因此是数学能力的必要成分，称为数学一般能力。而运算求解能力、抽象概括能力、推理论证能力、空间想象能力、数据处理能力则体现了数学学科的特点，是主体从事数学活动而非其他活动所表现出来的特殊能力，称为数学特殊能力。数学一般能力和数学特殊能力共同构成数学能力的基础，同时二者又是构成数学实践能力这一更高层次的数学能力的基础。数学实践能力包括学生运用数学思维提出问题、分析问题和解决问题的能力，应用意识和创新意识的能力，数学探究能力，数学建模能力和数学交流能力。从学生的可持续发展和终身学习的要求来看，数学发展能力应包括独立获取数学知识的能力和数学创新能力。培养学生数学发展能力是数学教育的最高目标，也是知识经济时代知识更新周期日益缩短对人才培养的要求。

二、空间想象能力及其培养

（一）表象和想象

1. 表象

空间想象与表象有关。认知心理学认为，表象与知觉有许多共同之处，它们均为具体事物的直观反映，是客观世界真实事物的类似物。两者的区别在于，知觉是对直接作用于感觉器官的对象或现象进行加工的过程，知觉依赖于当前的信息输入。当知觉对象不直接作用于感官时，人们依然可对视觉信息和空间信息进行加工，这就是心理表象。即表象不依赖于当前的直接刺激，没有相应的信息输入，其依赖于已贮存于记忆中的信息和相应的加工过程，是在无外部刺激的情况下产生的关于真实事物的抽象的类似物的心理表征。

作为不直接作用于感官的真实事物的现象的类似物，表象与感知相比，具有不太稳定、不太清晰的特点。正由于表象具有不太稳定、不太清晰的特性，所以，当人们需要从表象中获取更多的信息时，常根据表象画出相应的图形，以便于进一步加工。图形是人们根据感知或头脑中的表象画出的，是展现在二维平面上的一种视觉符号语言，是对客观事物的形状、位置、大小关系的抽象。

2. 想象

想象是在客观事物的影响下，在语言的调节下，对头脑中已有的表象经过结合、改造与创新而产生新表象的心理过程。因此，想象又称为想象表象。

（二）空间想象能力结构

综合已有研究成果，结合数学学习的特点，考虑到空间想象能力的层次性，我们将空间想象能力分为如下四个基本成分：

1. 空间观念

数学教育课程标准对教育阶段学生应该具有的空间观念规定如下：①能够由实物的形状想象出几何图形，由几何图形想象出实物的形状，进行几何体与其视图、展开图之间的转换，能根据条件做出立体模型或画出图形。②能描述实物或几何图形的运动和变化，能采用适当的方式描述物体之间的位置关系。③能从较复杂的图形中分解出基本的图形，并能分析其中的基本元素及其关系。④能运用图形形象地描述问题，利用直观来进行思考。

2. 建构几何表象的能力

在语言或图形的刺激下，在头脑中形成表象，或者在头脑中重新建构几何表象的能力称为建构几何表象的能力。这种建立表象的过程必须以空间观念为基础，必须在语言指导下进行，图形刺激仅起到辅助作用。

三、数学能力的培养

（一）培养数学能力的基本原则

数学能力培养需要满足如下六项原则。

1. 启发原则

教师通过设问、提示等方式，为学生创造独立解决问题的情景、条件，激励学生积极参与解决问题的思维活动，参与思维为其核心。

2. 主从原则

教学要根据教材特点，确定每一章、每一节课应重点培养的一至三个数学能力。可依据数学能力与教材内容、数学活动的关联特点去确定每章和每节课应重点培养的数学能力。

3. 循序原则

循序原则的实质，在于充分认识能力的培养与发展是一个渐进、有序的积累过程，是由初级水平向高级水平逐步提高的过程。所以若不具备简单的认知能力，也就不可能形成和发展高一级的操作能力，乃至复杂的策略运用能力。

4. 差异原则

教学要根据学生的不同素质和现有能力水平，对学生提出不同的能力要求，采取不同的方法和措施进行培养，即因材施教。教师应及时了解教学效果，随时调整教学策略。

5. 情意原则

在教学过程中，建立良好的师生情感，培养学生良好的学习品质，是能力培养不可忽视的原则。

（1）要认识到每一个正常的学生都具有学好数学的基本素质

人所具有的能力是在先天生理素质的基础上，通过社会活动、系统教育和科学的训练逐渐形成和发展起来的，其中生理素质是能力形成和发展的先决条件和物质基础。学生能否真正学好数学，还要在于教师能否采用有效手段去激发学生的兴趣和求知欲望，充分发挥他们的潜能，发展他们的能力。

（2）教师必须正视学生数学能力的差异

学生的数学能力表现出明显的个体差异。教师对学生的数学能力必须给予正确的评估。

（3）采取措施让学生积极地参与数学活动，主动地探索知识

数学能力的培养要在数学活动中进行，这就要求教师在数学教学中必须强调数学活动的过程教学，展示知识发生、发展的背景，让学生在这种背景中产生认知冲突、激发求知、探究的内在动机；不要过早地呈现结论，以确保学生真正参与探索、发现的过程；正确地处理教材中的“简约”形式，适当地再现数学家思维活动的过程，并根据学生的思维特点和水平，精心设计教学过程，让学生看到数学思维过程；注意暴露和研究学生的思维过程，及时引导、点拨，发现错误则及时纠正，并帮助学生总结思维规律和方法，使学生的思维逐渐发展。

（4）数学能力培养的目标观

教师应该依据教学内容制定数学能力培养的具体目标，把能力培养作为数学教学任务来要求。那种学生数学能力“自然形成观”对培养学生的数学能力是极不利的。

（5）数学能力培养的策略观

数学能力培养既有一般规律，又有特殊规律，是一个系统工程，要有一定的战略战术，要讲究策略，要有具体明确的培养计划。

①全面、准确地认识数学能力结构，充分发挥模式能力的桥梁作用。促进学生数学能力的全面发展，教师要全面、准确地认识学生数学能力的结构。一方面要全面认识、准确理解学生数学能力的成分，另一方面要正确认识这些能力成分之间的关系。在教学中要充分发挥模式能力的桥梁作用，使得各个成分之间互相联系。

②精确加工与模糊加工相结合。数学是一门具有高度的抽象性、严密的逻辑性的科学。现代数学知识体系的特征为精确、定量。然而除了精算能力，发展学生的估计能力对于提高学生的问题解决能力也是非常重要的，二者不可互相代替。

③形式化与非形式化相结合。形式化是数学的固有特点，也是理性思维的重要组成部分，学会将实际问题形式化是学生需要学习和掌握的基本数学素质。但不应因此而忽视了合情推理能力的培养。从抽象到抽象，从形式到形式的一系列客观数学事实，使学生无法理解数学与现实世界的联系，无法激发学生的数学学习兴趣。

（二）数学能力的培养策略

数学能力的培养主要是在课堂教学中进行的。根据具体的教学内容，确定具体的教学目标，明确培养何种数学能力要素，并通过有效的教学手段去实现教学目标。

1. 能力的综合培养

本书在对数学能力结构进行定性与定量分析后，提出了数学思维能力培养策略。

（1）各种能力因素的培养应在相应的思维活动中进行

数学思维能力及各构成因素是在数学思维活动中形成和发展的，所以，有必要开发好的数学思维活动。数学思维活动可以看作是按下述模式进行的思维活动：一是经验材料的数学组织化，即借助于观察试验、归纳、类比、概括积累事实材料。二是数学材料的逻辑组织化，即从积累的材料中抽象出原始概念和公理体系并在这些概念和体系的基础上演绎地建立理论。三是数学理论的应用。

（2）能力因素的培养要有专门的训练

教学过程中应设计一些侧重某一能力因素的训练题目。能力的培养需要一定的练习，但不是盲目做题。

（3）教学的不同阶段应有不同的侧重点

每一知识块的教学都可分为入门阶段和后继阶段。在入门阶段，新知识的引入要基于最基本、最本原、最一般、与原有知识联系最紧密的材料，使学生易于过渡到新的领域。要尽早渗透新的数学思想方法，使学生思维能有一般性的分析方法和思考原则。后继阶段是思维得以训练的好时期。由于有了入门阶段建立起的思维框架，学生的思维空间得到拓展，各项思维能力因素都会得到训练。

2. 特殊数学能力要素的培养策略

许多研究是围绕某些特殊的能力要素的培养展开的。

(1) 运算能力的培养

运算能力在实际运算中形成和发展，并在运算中得到表现。这种表现有两个方面：一是正确性，二是迅速性。正确是迅速的前提，没有正确的运算，迅速就没有实际内容，在确保正确的前提下，迅速才能反映运算的效率。运算能力的迅速性表现为准确、合理、简捷地选用最优的运算途径。培养学生的运算能力必须做好以下几个方面。

①牢固地掌握概念、公式、法则。数学的概念、公式、法则是数学运算的依据。数学运算的实质，就是根据有关的运算定义，利用公式、法则从已知数据及算式推导出结果。在这个推理过程中，如果学生把概念、公式、法则遗忘或混淆不清，必然影响结果的正确性。

②掌握运算层次、技巧，培养迅速运算的能力。数学运算能力结构具有层次性的特点。从有限运算进入无限运算，在认识上确实是一次飞跃，过去对曲边梯形的面积计算这个让人感到十分困惑不解的问题，现在能辩证地去理解它了。这说明辩证法又进入运算领域。简单低级的没有过关，要发展到复杂高级的运算就困难重重，再进入无理式的运算，那情况就会更糟，甚至不能进行。

在每个层次中，还要注意运算程序的合理性。运算大多是有一定模式可循的。然而由于运算中选择的概念、公式、方法的不同往往繁简各异。由于运算方案不同，应从合理上下功夫。所以教学中要善于发现和及时总结这些带有规律性的东西，抓住规律，对学生进行严格的训练，使学生掌握这些规律，自然而然提高运算速度。

如果数学运算只抓住了一般的运算规律还是不够的。必须进一步形成熟练的技能技巧。因为在运算中，概念、公式、法则的应用，对象十分复杂，没有熟练的技能技巧，常常出现意想不到的麻烦。

此外，应要求学生掌握口算能力。运算过程的实质是推理。推理是从一个或几个已有的判断，做出一个新的判断的思维过程。运算的灵活性具体反映思维的灵活性，善于迅速地引起联想，善于自我调节，迅速及时地调整原有的思维过程。一些学生之所以在运算时采用较为烦琐的方法，主要是因为他们思考问题不灵活，不能随机应变，习惯于旧的套路，不善于根据实际问题的条件和结论来思考。

（2）逻辑思维能力的培养

①重视数学概念教学，正确理解数学概念。在数学教学中要定义新的概念，必须明确下定义的规则，例如“平角的一半叫直角”的定义中，平角是直角最邻近的种概念，“一半”则是类差。所以在定义数学概念时，若用“种概念加类差”得出定义，必须找出该概念的最邻近种概念和类差，启发学生深刻理解，才不会在推理论证上由于对概念理解不全面而导致论证失败。

②要重视逻辑初步知识的教学，让学生掌握基本的逻辑方法。传统的数学教学通过大量的解题训练来培养逻辑思维能力，除一部分尖子学生外，这对多数学生来说，收获是不大的。

③通过解题训练，培养学生的逻辑思维能力。通过解题，加强逻辑思维训练，培养思维的严谨性，提高分析推理能力。要注意解题训练要有一个科学的系列，不能搞“题海战术”。

首先，要让学生熟悉演绎推理的基本模式——演绎三段论（大前提—小前提—结论）。由于演绎三段论是分析推理的基础，在教学中，就可以进行这方面的训练。在教授数或式的运算时，要求步步有据，教师在讲解例题时要示范批注理由。

其次，在平面几何的学习中，要训练学生语言表达的准确性，严格按照三段论式进行基本的推理训练，并逐步过渡到通常使用的省略三段论式。经过这样的推理训练，学生在进行复杂的推理论证时，才能保持严谨的演绎思维，不至于发生思维混乱。

（3）空间想象能力的培养

①适当地运用模型是培养空间想象力的前提。感性材料是空间想象力形成和发展的基础，通过对教具与实物模型的观察、分析，学生在头脑中形成

空间图形的整体形象及实际位置关系，进而才能抽象为空间的几何图形。

②准确地讲清概念、图形结构，是形成和发展空间想象力的基础。“立体几何”是培养学生空间想象力的重要学科。准确、形象地理解概念和掌握图形结构，有助于空间想象能力的形成和发展。

③直观图是发展空间想象力的关键。对初学立体几何者来讲，如何把自己想象中的空间图形体现在平面上，是最困难的问题之一。所谓空间概念差，表现为画出的图形不富有立体感，不能表达出图形各部分的位置关系及度量关系。

④运用数形结合方法丰富学生空间想象能力。

通过几何教学进行空间想象力的训练，固然可以发展学生空间想象方面的数学能力。但是培养学生的空间想象力不只是几何的任务，在数学的其他各个科目中都可以进行。

（4）解题能力的培养

解题能力主要是在解题过程中获得的，一个完整的数学解题过程可分为三个阶段：探索阶段、实施阶段与总结阶段。

①探索阶段。在探索阶段主要是弄清问题、猜测结论、确定基本解题思路，从而形成初步方案的过程。具体的数学问题往往有很多条件，有很多值得考虑的解题线索，有很多可以利用的数量关系和已知的数学规律。在从众多条件、线索、关系中很快理出头绪，形成一个逻辑上严谨的解题思路的过程中，学生的思维能力得到了训练和提高。在教学中，教师应经常引导学生厘清已学过知识之间的逻辑线索，练习由某种数量关系推演出另一种数量关系，进而把问题的条件、中间环节和答案连接起来，减少探索的盲目性。

具备猜测能力是获得数学发现的重要因素，也是解题所必不可少的条件。数学猜测是根据某些已知数学条件和数学原理对未知的量及其关系的推断。它具有一定的科学性，又有很大程度的假定性。在数学教学中进行数学猜测能力的训练，对于学生当前和长远的需要都是有好处的。

②实施阶段。实施阶段是验证探索阶段所确定的方案，最终实现方案，并判定探索阶段所形成的猜测的过程。这个过程实际上就是进行推理、运算，

并用数学语言进行表述的过程。从一定意义上讲，数学可以看成一门证明的科学，其表现形式主要是严格的逻辑推理。因此，推理是实施阶段的基本手段，也是学生应具备的主要能力。推理、运算过程的表述就是运用数学符号、公式、语言来表达推理、运算的过程。

③总结阶段。数学对象与数学现象具有客观存在的成分。它们之间有一定事实上的关联，构成有机整体，数学命题是这些意念的组合。因此，数学证明作为展示前提和结论之间的必然的逻辑联系的思维过程，不仅证实了数学学习的过程，更证实了理解的过程。从这一观点出发，我们推崇解完题后的再探索。正如波利亚所强调的，如果认为解完题就万事大吉，那么“他们就错过了解题的一个重要而有益处的方面”，这个方面就是总结阶段。在这个阶段必须进一步思考解法是否最简捷，是否具有普遍意义，问题的结论能否引申发展。进行这种再探索的基本手段是抽象、概括和推广。

第二节　高等数学教学思维模式

一、数学思想方法教学中存在的问题

数学思想方法的探究在各种数学教学研究中如影随形，广大数学教师对它不能说不重视。但在具体教学过程中，在认识及教学策略上似乎还存在一些问题。我们根据对一线数学教师的调查和交流，查阅相关文献，对数学思想方法教学存在的问题进行了归纳。

（一）认识侧重点存在偏差

我们认为，数学思想方法教学存在认识上的偏差，主要出现在处理知识与数学思想方法的渗透过程以及数学思想方法的内在联系上。

1. 教学思想方法与知识的关系

目前有一种说法“知识只是思维的载体”，甚至有一种极端的说法“知识不重要，关键在于过程”。这对以往只重视知识的教学，忽略数学思想方法渗透的认识似乎是一种进步。但这种认识如果走向极端，可能会造成学生学习基础不扎实的现象。实际上，在数学教学过程中，有很多场合是不能把知识与过程的关系一概而论的，有的场合是知识重要，而数学思想方法可以退其次：有的场合则是数学思想方法重要，而结论似乎可以不关心；很多场合则是数学思想方法与数学知识并重。

2. 数学思想方法的内在关系

数学思想方法的内在关系处理有两个方面的意思：一是数学思想与数学方法的关系。二是很多数学问题含有多种数学思想方法，如何体现主要数学思想方法的教育价值协调问题。

目前，数学教学在这两方面存在重方法轻思想和主次不分的认识偏差现象，针对这些偏差我们提出以下见解。

数学思想与数学方法的关系是否区分似乎并不重要，因为它们本身就联系非常密切。任何数学思想必须依靠数学方法才能得以显性体现。任何数学方法的背后都有数学思想作为支撑。但我们认为，在教学过程中，数学教师应该有一个清醒的认识，学生掌握了很多问题的解决方法，但不知道这些方法背后的数学思想的共性情况比比皆是。同样，有数学思想，但针对不同的数学问题却“爱莫能助”的情况也不少。

数学技能中有很多的方法模块，这些方法模块背后有一定层次的数学思想方法和理论依据，在解决具体问题时，可以越过使用这些模块的理论说明，直接形式化使用，我们姑且称之为原理型数学技能。数学中一些公理、定理、原理，甚至在解题过程中积累起来的“经验模块”等的使用，能够使我们高效解决数学问题。为了建立和运用这些“方法模块”，首先必须让学生经历验证或理解它们的正确性；其次，这些“方法模块”往往需要一定的条件和格式要求，如果学生不理解其背后的数学思想方法，很可能在运用过程中出现逻辑错误，数学归纳法就是一个很典型的例子。

（二）教学策略认识尚模糊

曾经有一位学者说：“我如果有一种好方法，我就想能否利用它去解决更多更深层次的问题。如果我解决了某个问题，我会想能否具有更多更好的其他方法去解决这个问题。”此即解决问题与方法的纵横交错关系，尽管我们在数学教学过程中强调“一题多解”“多题一解”等方面的训练，但关于知识与方法的关系处理，尤其是关于数学思想方法的教学策略的认识似乎还欠清晰。我们在数学教学过程中关于数学思想方法的教学策略的认识需要提高，这方面的研究目前还缺乏系统性。

我们现在编写教材也好，教师上课也好，基本上是以数学知识为主线，而数学思想方法却似乎是个影子，忽隐忽现，也很少有人去认真思考其中的规律。我们不反对让数学思想方法“镶嵌”在数学知识和数学问题中，采取重复或螺旋形方式出现，但我们缺乏一些基本和认真的思考，数学思想方法教育几乎处于一种随意和无序状态恐怕有些不妥。数学思想方法的教学策略为什么会出现这样的现象？我们认为，有以下两点需要注意：

第一，数学思想方法的相对隐蔽性使得它的隐现与教师水平“相协调”。要从一些数学知识和数学问题中看出其背后的数学思想方法，需要教师的数学修养。有的教师能够从一些普通的数学知识与数学问题中看出背后的数学思想方法，而有的教师却做不到这一点，当然就导致数学思想方法的教学出现了差异。

第二，数学思想方法教学的相对弹性化使得它的隐现与教学任务“相一致”。在数学教学过程中，数学知识教学属于“硬任务”，在规定时间内需要完成教学任务，而数学思想方法的教学任务则显得有弹性。如果课堂数学知识教学任务少，教师可以多挖掘一些“背后的数学思想方法”，反之则可以少讲甚至不讲。正因为数学思想方法具有这样的特性，所以可能产生以下两种后果：

一方面，如果教师能够高瞻远瞩，充分运用数学思想方法教育弹性化特点，能够把知识教学与数学思想方法进行有效融合，融会贯通，就能达到良好的教学效果。

另一方面，如果数学教师眼界不高，看得不远，就很可能捉襟见肘，使一些重要的数学思想方法得不到有效讲解。而一些非主流的数学思想方法却得到不必要的关注。

（三）数学思想方法及渗透策略急需研究

数学思想方法有宏观和微观的，除了我们前面指的数学思想具有宏观和隐性、数学方法具有微观和显性的一层意思外，还有一层意思是，如果我们把数学思想与数学方法看成一个整体，用数学思想方法简称之，那么“大一些”的数学思想方法是由“小一些”的数学思想方法组成，或者说一些数学思想方法经过逐级抽象或适度组合形成“更高级”的数学思想方法。例如，化归思想，它就是由诸如换元法、配方法等一些“数学思想方法”整合而成。可以这样认为，数学思想方法是由知识教学向智慧培养转移的重要手段，也是我国数学教育工作者提出的具有中国特色的数学教育理论的一个尝试。目前，数学思想方法的提法已经得到国内数学教育工作者的认可，并在数学教学实践中得以实施。但是，很多理论和实践层面的问题似乎还不成熟，还需要广大数学教育工作者的进一步参与。以下，我们罗列几个需要研究的问题，希望读者能够参与相关的思考与讨论。

①数学思想方法是整体概念还是可以看成“数学思想”+“数学方法”？这个问题一直没有达成一致的认识。由于数学思想方法这个概念是我国数学教育工作者提出的，没有国外的参考样本，更没有古人的借鉴，我们在书中提出自己的观点，只是一孔之见。

②数学包含哪些数学思想方法？各种数学思想方法的教学“指标”是什么？能否采用硬性的指标把数学思想方法的教学要求写进课程标准中？

③数学思想方法是如何形成的？需要分成几个阶段进行教学？学生形成数学思想方法的心理机制是什么？

④数学教学过程中以数学知识和数学技能为主线的传统做法，能否更改为以数学思想方法为主线的教学策略？

二、数学思想方法的主要教学类型探究

（一）情境型

数学思想方法教学的第一种类型应该属于情境型，人们在很多问题的处理上往往“触景生情”地产生各种想法，数学思想方法的产生也往往出自各

种情境。情境型数学思想方法教学可以分为“唤醒”刺激型和“激发”灵感型两种。“唤醒”刺激型属于被激发者已经具备某种数学思想方法，但需要外界的某种刺激才能联想的教学手段，这种刺激的制造者往往是教师或教材编写者等，刺激的方法往往是由弱到强。为了到达这种手段，教师往往采取创设情境的方法，然后根据教学对象的情况，进行适度启发，直至他们会主动使用某种数学思想方法解决问题为止；“激发”灵感型属于创新层面的数学思想方法教学，学习者以前并未接触某种数学思想方法，在某个情境的激发下，思维突发灵感，会创造性地使用这种数学思想方法解决问题。

情境型数学思想方法教学必须具备以下三个条件：一是一定的知识、技能、思想方法的储备。二是被刺激者具有一定的主动性。三是具有一定的激发手段的情境条件。

情境型数学思想方法教学的主要意图在于通过人为情境的创设让学习者产生捕捉信息的敏感性，形成良好的思维习惯，将来在真正的自然情境下能够主动运用一些思想方法去解决问题。

外界情境刺激的强弱与主体的数学思想方法的运用是有一定关系的。当然，与主体的动机及内在的数学思想方法储备显然关系更密切。就动机而言，问题解决者如果把动机局限在解决问题，那么他只要找到一种数学思想方法解决即可，不会再用其他数学思想方法了。而教育者要达到教育目的，它往往会引导甚至采用手段使受教育者采用更多的数学思想方法去解决同一个问题。我们认为，应该以通性通法作为数学思想方法的教育主线，至于每一道数学问题解决的偏方，可以在解决之前由学生根据自己的临时状态处理，解决后可以采取启发甚至直接展示等手段以“开阔”学生的解决问题的视野。

一个数学问题可以理解为激发学生数学思想方法运用的情境，其实，在教学过程中，任何一章、一个单元、一节课，都有必要创设情境，其背后都有数学思想方法教育的任务。这一点在具体的数学教育中往往被教师忽视。

无论是一个章节还是一个具体的数学问题，这种情境激发学生的数学思想方法去解决问题的最终目的是使学生在将来的实际生活中能够运用所形成的数学思想方法，甚至创设一种数学思想方法去解决相关问题。所以，我们现在的课程比较注重创设实际问题情境，引导学生用数学的眼光审视、运用数学联想、采用数学工具、利用数学思想方法去解决实际问题。欧拉从人们几乎陷入困境的七桥问题中构思出精妙的数学方法，并由此诞生了一门新的学科——拓扑学，高斯很小就构思出倒置求和的方法求出前100个自然数的和，被人们传为佳话而写进教科书。因此，创设生活情境让学生运用甚至创造性地运用数学思想方法去解决实际问题也是数学教师不可忽视的教学手段。

情境型数学思想方法教学应该正确处理好数学情境与生活情境的关系，两种情境的创设都很重要。尽管现在新课程引入比较强调从实际问题情境中引出一节课，但我们应该注意，都从实际问题引入往往会打乱数学本身内在的逻辑链，不利于学生的数学学习，而过分采用数学情境引入则不利于进一步激发学生学习数学的动机、兴趣和培养实际问题的解决能力，数学思想方法的产生和培养往往都是通过这些情境的创设来达到的，因此，我们要根据教学任务，审时度势地创设合适的情境进行教学。

（二）渗透型

渗透型数学思想方法的教学是指教师不挑明课堂内容属于何种数学思想方法而进行的教学，它的特点是有步骤地渗透，但不指出。

所谓唤醒，是指创设一定的情境把学生在平时生活中积累的经验从无意注意转到有意注意，激活学生的“记忆库”，并进行记忆检索；而归纳是指将学生激发出来的不同生活原型和体验进行比较与分析。并对这些原型和体验的共性进行归纳，这个环节是能否成功抽象的关键，需要足够的“样本”支撑和一定的时间建构。抽象过程需要主体的积极建构，并形成正确的概念表征。描述是教师为了让学生形成正确概念表征的教学行为，值得注意的是，教师的表述不能让学生误以为是对元概念的定义。

元概念的教学以学生能够形成正确的表征为目标，学生需要一个逐步建构的过程，教师不能越俎代庖，否则欲速则不达。

例如，点、线、面的教学有数学思想方法的“暗线”。研究繁杂的空间几何体必须有一个策略，那就是从简单到复杂的过程。

第一，先从“平”到“曲”，然后再到“平”与“曲”的混合体。

第二，对“平”的几何体进行“元素分析”，自然注意到点、直线、平面这些基本元素。如果对空间几何体彻底进行元素分析，点可以称得上最基本的了，因为直线和平面都是由点构成的，但是，纯粹由点很难对空间几何体进行构造或描述，就连描述最简单的图形直线和平面也是有困难的，如果添加直线，由直线和点对平面进行定义也是有困难的。因此，把点、直线、平面作为最基本元素来描述和研究空间多面体就容易得多了。

第三，要用点、线、面去研究其他几何体，理顺它们三者之间的关系成了当务之急，这就是为什么引进点、线、面概念后要研究它们关系的基本想法。

第四，点可以成线、线可以成面这是学生都知道的事实。立体几何中点、线、面的教学就是典型的渗透型数学思想方法的教学。

渗透型数学思想方法几乎贯穿于整个数学教学过程，教师的教学过程设计及处理背后都往往含有很丰富的数学思想方法，但教师基本上不把数学思想方法挂在嘴上，而是让学生自己去体验，如果有特殊需要，教师可以点明或进行专题教学。

（三）专题型

专题型数学思想方法教学即教师指明某种数学思想方法并进行有意识的训练和提高的教学。数学教学中应该以通性通法为教学重点，如待定系数法、十字相乘法、凑十法、数学归纳法等，教学应该对这些方法予以足够的重视。值得指出的是，目前对一些数学思想方法，各个教师的认识可能不尽相同，因此处理起来就各有侧重。例如，十字相乘法有教师认为应用范围窄小而将其在教材中删除，很多在“十字相乘法环境”中“培养长大”的教师却觉得非常可惜。我们认为，数学思想方法教学有文化传承的意义，中国数学教学改革及教材改革应该对此加以关注，我们以前津津乐道的十字相乘法、韦达定理、换底公式等方法在数学课程改革中岌岌可危，似乎厄运在即。

（四）反思型

数学思想方法林林总总，有大法也有小法，有的大法是由一些小法整合而成的，这些小法就有进一步训练的必要，而有些小法则是适应范围极小的雕虫小技。不过，有一些“雕虫小技”也可以人为地“找”或“构造”一些数学问题进行泛化来“扩大影响力”，成为吸引学生注意力的“魔法”。因此，如何整合一些数学思想方法是一个很值得探讨的话题，而这些整合往往需要学习者自己进行必要的反思，也可以在指导者的组织下进行反思和总结，这种数学思想方法的教学我们称为反思型数学思想方法教学。

三、思想方法培养的层次性

学生头脑中的数学思想方法到底是怎样形成的？如何进行有策略的培养？这些显然是数学教师关心的问题。数学中的思想方法很多，但培养层次高低不同，有的属于“小打小闹”，做到“一把钥匙开一把锁”或“点到为止”，可有的却是“无限拔高”而要求“修炼成精”。尽管不同的数学思想方法形成的教学要求有高低之分，但根据我们的观察，它们应该从低到高经历不同的层次，也可以理解为不同的阶段：隐性的操作感受阶段、孕伏的训练积累阶段、感悟的文化修养阶段。

（一）数学思想方法培养的层次性简析

1. 第一层次：隐性的操作感受

学生接受一些数学基础知识及技能开始时一般采取“顺应”的策略，他们也知道这些数学知识及技能背后肯定有一些“想法”，但出于对这些新的东西“不熟”，一般就会先达到“熟悉”的目的，边学习边感受。而教师一般也不采取点破的策略，只让学生自己去学习，用一些掌握知识和技能的“要领”对学生进行“点拨”，有时也借助一些“隐晦”语言试图让一些聪明的学生能够尽快地感悟。应该说，此时的数学思想方法的感悟处于一种从自由感受直至感悟的阶段，不同的学生感受各不相同。

“隐性的操作感受”主要有如下几个特征：

①知识的反思性极强，对数学知识和技能的获得方法的反思、对数学知识的结果表征和对技能的获得的观察、多向思考尤其是逆向思维的运用等，均需要学生边学习边反思。

②处于“意会期”的情形较多，这个时期的数学思想方法可谓“只可意

会，不可言传”，尽管有一些可以通过语言讲述，但教师更多的是让学生去体验和感悟，给学生一个观察与反思的机会，以培养学生的“元认知”能力。

③发散度极强，对于“感悟性极强”的数学思想方法培养，应该给学生思维以更大的发散空间，而“隐性的操作感受”恰好符合这个要求。因为对人类已经发明或创设的数学知识及背后的思想方法进行重新审视和反思，往往能够提供给初学者一个创新机会，知识传授者不可以以自己已经定势的思维对学生进行直接的“引导”来限制或剥夺学生的“创造空间”，最好暂时保持“沉默”以换来学习者更大的“爆发”。

2. 第二层次：孕伏的训练积累

尽管我们给学生一个“隐性的操作感受”，但由于学生的年龄特征及知识和能力的局限，如果没有进行必要的点拨，他们也很可能无法“感悟到”知识背后的一些数学思想方法，所以教师应该适时进行点拨。教师通过数学知识的传授或数学问题的解决，采用显性的文字或口头语言“道出”一些数学思想方法并对学生进行有意识训练的阶段称为“孕伏的训练积累阶段”，其中“孕伏”是指为形成“数学文化修养”打下基础。这个阶段教师的导向性比较明显，是将内蕴性较强的数学思想方法显性化传输的一个时期，也可能是学生有意识地去“知觉”的阶段，是学生对数学思想方法感悟和学习的重要提升阶段。

处于“孕伏的训练积累”的数学思想方法教学具有以下几个特征：

①显性化。教师“一语道破天机”，采用抽象和精辟的语言概括出学生所学数学知识背后的数学思想方法，使学生从“初步感受阶段”中“豁然开朗”。

②导向性。教师在这个阶段的教学行为导向性非常明显，不仅使用显性而明确的语言概括出数学活动背后蕴含的数学思想，还编拟一些数学问题进行训练，以增强学生运用某种数学思想方法的意识。

③层次性。教师根据学生在学习的不同阶段，采用不同层次的抽象语言来概括数学思想方法，经常采用“××法”等过渡性词语来表达一些数学

思想。

④积累性。人类对自己的思想方法也是一个无限发展的过程。“孕伏的训练积累阶段”就是将一些数学思想在学生面前“曝光”的阶段，很可能在学生面前“曝光”一种数学思想方法却同时在孕育着另一种更高层次的数学思想方法。低层次的数学思想方法培养的“孕伏的训练积累阶段”可能是更高层次的数学思想方法培养的“隐性的操作感受阶段”。

我们认为在概括数学思想方法的时候应该特别强调具有“数学味”，体现以数学为载体在培养人的思想方法方面的特殊价值，让数学思维成为人类思维活动的一枝奇葩。

（二）数学思想方法阶段性培养的几点思考

数学思想方法形成的层次性或阶段性分析是我们的一个尝试，目的是提醒教师在培养过程中根据不同的时期，灵活选择培养手段。我们将注意事项概括为以下三点，读者可以进一步探索和补充。

1. 要准确把握好各个阶段的特征

一种数学思想方法必须经历孕育、发展、成熟的过程，不同时期的特征各不一样，教育手段也相差甚远，如果我们不根据阶段性特征而拔苗助长，很可能会违背数学教学规律而“受到惩罚”。

例如，公理化思想、反证法思想在高中阶段如果还停留在“隐性的操作感受阶段”恐怕就不妥了，因为学生已经经历和积累了大量的感性认识，同时他们的抽象思维已经接近成人的水平，再不进入后两个阶段，对学生的终身发展将是一个缺憾。值得指出的是，各种思想方法培养所经历的不同时期的时间往往是不一致的。我们应该了解各种思想方法的特征，从学生今后发展的宏观角度认识数学思想方法的价值，有意识、有步骤地进行渗透和培养。

2. 注意各种思想方法的有机结合

各种思想方法的有机结合有多个方面的意思：一是思想方法具有逐级抽象的过程，“低层次”的数学方法可能“掩盖”了“高层次”的数学思想。我们发现，目前的教学过程中以“法”代“想”的现象比较普遍。虽然教师可能将“微观”中的“法”作为“宏观”中的“想”在“隐性的操作感受”

阶段融入感性材料，但是，或许教师并没有将一些本该进一步“升华”的“法”发展和培养成“想”的意识。二是对同一个学生而言，各种思想方法培养所处“时期”可能也不一样。教师应该注意培养的侧重点，不能因为一种已经近乎成熟的思想方法掩盖了尚处于前两个时期的思想方法，错失培养的良机。三是一种数学知识可能蕴含着多种数学思想方法，一个数学问题可以采用多种思想方法中之一来解决，也可能需要多种数学思想方法的合理“组合”才能解决，教师应该引导学生进行优选和组合，使学生具有良好的学习数学和解决数学问题的综合能力。

3. 认真体验和反思数学思想方法

数学方法具有显性的一面，而数学思想往往具有隐性的一面，数学思想通过具体数学方法来折射，一些学者由于数学思想和方法的紧密联系，往往就不加区分统称为数学思想方法。我们不要以为讲授了一些问题的具体处理方法就已经体现了背后的思想，这其实存在一个认识误区。学生采用多种方法解决了一个又一个数学问题，但他们说不出背后思想的情况比比皆是。徐利治教授的 RMI 法则的提出，说明我们现在已有的所谓数学思想方法还有更多的“提炼空间”。可以这样认为，能否在千变万化的数学方法中概括出数学思想是衡量一个学生或数学教师的水平和数学修养的重要标志，教师只有提升自己的认识水平，才能高屋建瓴地有效培养学生的数学思想，因此，教师完全可以通过体验和反思目前已有的数学思想方法，使自己的思想水平得到进一步提高。

第三节　高等数学教学的逻辑基础

一、数学概念

概念是思维的基本单位，是思维的基础，现代心理学研究认为，大脑的知识可以等效为一个由概念结点和连接构成的网络体系，称为“概念网络”。由于概念的存在和应用，人们可以对复杂的事物作简化、概括或分类的反映。

概念将事物依其共同属性而分类，依其属性的差异而区别，因此概念的形成可以帮助学生了解事物之间的从属与相对关系。数学概念是数学研究的起点，数学研究的对象是通过概念来确定的，离开了概念，数学也就不再是数学了。

（一）数学概念概述

1. 概念的定义

概念是哲学、逻辑学、心理学等许多学科的研究对象；各学科对概念的理解是不一样的，概念在各学科的地位和作用也不一样。哲学上把概念理解为人脑对事物本质特征的反映，因此认为概念的形成过程就是人对事物的本质特征的认识过程。

依据哲学的观点，数学概念是对数学研究对象的本质属性的反映。由于数学研究对象具有抽象的特点，因而数学是依靠概念来确定研究对象的。数学概念是数学知识的根基，也是数学知识的脉络，是构成各个数学知识系统的基本元素，是分析各类数学问题，进行数学思维，进而解决各类数学问题的基础。准确理解概念是掌握数学知识的关键，一切分析和推理也主要是依据概念和应用概念进行的。

2. 概念的内涵与外延

任何概念都有含义或者意义，例如“平行四边形”这个概念，意味着是“四边形”“两组对边分别平行”。这就是平行四边形这个概念的内涵。任何概念都有所指。例如，三角形这个概念就是指锐角三角形、直角三角形与钝角三角形的全体，这就是概念的外延。因此概念的内涵就是指反映在概念中的对象的本质属性，概念的外延就是指具有概念所反映的本质属性的对象。

内涵是概念的质的方面，它说明概念所反映的事物是什么样子的，外延是概念的量的方面，通常说的概念的适用范围就是指概念的外延，它说明概念反映的是哪些事物。概念的内涵和外延是两个既密切联系又互相依赖的因素，每一科学概念既有其确定的内涵，也有其确定的外延。因此，概念之间是彼此互相区别、界限分明的，不容混淆，更不能偷换，教学时要明确概念。从逻辑的角度来说，基本要求就是要明确概念的内涵和外延，即明确概念所指的是哪些对象，以及这些对象具有什么本质属性。只有对概念的内涵和外延两个方面都有准确的了解，才能说对概念是明确的。

应当指出：

①按照传统逻辑的说法，概念的外延是一类事物，这些事物是某个类的分子，但按现代逻辑的说法，习惯上把类叫作集合，把分子叫作元素，这样就把探讨外延方面的问题归之为讨论集合的问题。

②有些概念是反映事物之间关系的，例如，“大于”等，它们的外延就不是一个一个的事物而是有序对集，就自然数而论。

③概念的内涵和外延是相互联系、互相制约的，概念的内涵确定了，在一定条件下，概念的外延可随之确定。反过来，概念的外延确定了，在一定条件下概念的内涵也可以因此而确定。例如“正整数、零、负整数、正分数、负分数”是有理数的外延，它是完全确定的。掌握一个概念，有时不一定能知道它的外延的全部，有时也不必知道它的外延的全部。例如，“三角形”这个概念是我们大家所掌握的，但是我们不必要，也不可能知道它的外延的全部，即世界上所有的具体三角形，但是我们只要掌握一个标准，根据这个标准就能够确定某一对象是否属于这个概念的外延。这个标准就是概念的内涵，即概念所反映对象的本质属性，对某一个具体图像，我们都可以明确地说出它是三角形或不是三角形。

（二）数学概念的分类

对概念的分类，是心理学家的一种追求，因为这是问题研究的一个起点。给数学概念分类的目的在于：一是从理论上解析数学概念结构，从而为数学概念学习理论奠定基础；二是在教学设计中，便于根据不同类型概念制定相应的教学策略。

概念分类有不同的标准，对概念分类主要采用以下几种方式：从数学概念的特殊性进行分类，突出数学概念的特征；从逻辑学角度进行分类，在一般概念分类的基础上对数学概念进行划分；学习心理理论对概念进行分类，以揭示不同概念学习的心理特征。从教育心理学的角度看，对概念进行分类的目的都是为概念教学服务的，围绕“如何教”的概念分类是人们追求的目标。

（1）原始概念、入度大的概念、多重广义抽象概念

有学者依据概念之间的关系，把数学概念分为原始概念、入度大的概念、多重广义抽象概念。徐利治先生认为，数学概念间的关系有三种形式：一是弱抽象。即从原型 A 中选取某一特征（侧面）加以抽象，从而获得比原结构更广的结构 B，使 A 成为 B 的特例。二是强抽象。即在原结构 A 中添某一特征，通过抽象获得比原结构更丰富的结构 B，使 B 成为 A 的特例。三是广义抽象。若定义概念 B 时用到了概念 A，就称 B 比 A 抽象。

严格意义上讲，这不是对概念的分类，只是刻画了一些特殊概念的特征。它的教学意义在于，教师进行教学设计时，可以重点考虑对这三类概念的教学处理，或作为教学的重点，或作为教学的难点。

（2）陈述性概念与运算性概念

在对概念结构的认识方面，认知心理学家提出一种理论——特征表说，所谓特征表说，即认为概念或概念的表征是由两个因素构成的：一是定义性特征，即一类个体具有的共同的有关属性；二是定义性特征之间的关系，即整合这些特征的规则。这两个因素有机地结合在一起，组成一个特征表。有学者根据这一理论和知识的广义分类观，对数学概念进行分类。

（3）合取概念、析取概念、关系概念

有学者依据概念由不同属性构造的几种方式（联合属性、单一属性、关系属性），分别对应地把数学概念分为合取概念、析取概念、关系概念。所谓联合属性，即几种属性联合在一起对概念来下定义，这样所定义的概念称为合取概念；所谓单一属性，即在许多事物的各种属性中，找出一种（或几种）共同属性来对概念下定义，这样所定义的概念称为析取概念；所谓关系概念，即以事物的相对关系作为对概念下定义的依据，这样所定义的概念称为关系概念。显然，这种划分建立在逻辑学基础之上，以概念本身的结构来进行分类。这种方法同样适合于对其他学科的概念进行分类，因而没有体现数学概念的特殊性。

（4）叙实式概念、推理式概念、变化式概念和借鉴式概念

有学者认为数学概念理解是对数学概念内涵和外延的全面性把握。根据

不同特点的数学概念所对应的理解过程和方式，可将数学概念分为叙实式数学概念、推理式数学概念、变化式数学概念和借鉴式数学概念 4 种类型。

叙实式数学概念是指那些原始概念、不定义的概念，或者是那些很难用严格定义确切描述内涵或外延的概念。这类概念包括平面、直线等原始概念，包括算法、法则等不定义概念，还包括数、代数式等外延定义概念等。所谓推理式数学概念，是指能够对概念与相关概念的逻辑关系本质进行描述的数学概念，“生的广后有界”指的是它还能推出或定义出一些概念；“同层有联系”指的是与它所并列于同一个逻辑层次上的其他概念有着一定的逻辑相关性。所谓变化式数学概念，包括以原始概念为基础定义的，包括那些借助于一定的字母与符号等，经过严格的逻辑提炼而形成的抽象表述的有直接非数学学科背景的概念，还包括在其他学科有典型应用的概念。

（三）数学概念间的关系

概念间的关系是指某个概念系统中一个概念的外延与另一个概念的外延之间的关系。依据它们的外延集合是否有公共元素来分类，这里约定，任何概念的外延都是集合。

1. 相容关系

如果两个概念的外延集合的交集非空，就称这两个概念间的关系为相容关系，相容关系又可分为下列三种：

（1）同一关系

如果概念 A 和 B 的外延的集合完全重合，则这两个概念 A 和 B 之间的关系是同一关系。具有同一关系的概念在数学里是常见的。例如，无理数与无限不循环的小数下等边三角形与等角三角形，都分别是同一关系。由此不难看出，具有同一关系的概念是从不同的内涵反映着同一事物。

了解更多的同一概念，可以对反映同一类事物的概念的内涵作多方面的揭示，有利于认识对象，有利于明确概念。比如，我们只有运用等腰三角形底边上的高、中线、顶角平分线这三个具有同一关系的概念的内涵来认识底边上的高，才能看清楚这条线段具有垂直平分底，同时平分顶角的特征，从而加深对这条线段的认识，为灵活运用打下基础。

具有同一关系的两个概念A和B，可表示为A=B，这就是说A与B可以互相代替，这样就给我们的论证带来了许多方便，若从已知条件推证关于A的问题比较困难，可以改从已知条件推证关于B的相应问题。

（2）交叉关系

若两个概念A和B的外延仅有部分重合，则这两个概念以和B之间的关系是交叉关系，具有交叉关系的两个概念是常见的。比如矩形与菱形，等腰三角形与直角三角形，都分别是具有交叉关系的概念。具有交叉关系的两个概念A和B的外延只有部分重合，所以不能说A是B，也不能说A不是B，只可以说有些A是B，有些A不是B。例如可说："有些等腰三角形是直角三角形"，也可以说"有些直角三角形是等腰三角形"，但不能说"等腰三角形不是直角三角形"，也不能说"直角三角形不是等腰三角形"，这一点对于初学具有交叉关系概念的中学生来说，往往易出现错误。如果我们在教学中抓住交叉关系的概念的特点，提出一些有关的思考题启发学生，就可以避免以上错误认识的形成。

（3）属种关系

若概念A的外延集合为概念B的外延集合的真子集，则概念A和B之间的关系是属种关系，这时称概念A为种概念，概念B为属概念；即在属种关系中，外延大的，包含另一概念外延的那个概念叫作属概念，外延小的，包含在另一概念的外延之中的那个概念叫种概念。具有属种关系的概念表现在数学里，也就是具有一般与特殊关系的概念。例如，方程与代数方程，函数与有理函数，数列与等比数列，就分别是具有属种关系的概念，其中的方程、函数、数列分别为代数方程、有理函数、等比数列的属概念，而代数方程、有理函数、等比数列分别为方程、函数、数列的种概念。

属概念所反映的事物的属性必然完全是其种概念的属性。例如，平行四边形这个属概念的一切属性明显都是其种概念矩形和其种概念菱形的属性。因此，不难知道，属概念的一切属性就是其所有种概念的共同属性，称为一般属性，各个种概念特有的属性称为特殊属性。一个概念是属概念还是种概念不是绝对的。同一概念对于不同的情况来说，它可能是属概念，也可能是种概念。

一个概念的属概念和一个概念的种概念未必是唯一的。例如自然数这个概念，其属概念可以是整数，也可以是有理数，还可以是实数；而其种概念可以为正奇数，也可以为正偶数，还可以为质数、合数。再如，四边形、多边形是平行四边形的属概念，矩形、菱形和正方形都是平行四边形的种概念。在教学中，我们要善于运用这一点，帮助学生明确某概念都属于哪个范畴以及又都包含哪些概念。将有关的概念联系起来，系统化，从而提高学生在概念的系统中掌握概念的能力。

2. 不相容关系

如果两个概念是同一概念下的种概念，它们的外延集合的交集是空集，则称这两个概念间的关系是不相容关系。不相容关系又可分为两种。

（1）矛盾关系

只有学好和运用好概念的矛盾关系，才能加深对某个概念的认识。比如，一个学生只有在不仅懂得了怎样的数是有理数，而且懂得了怎样的数是无理数时，这个学生才能真正把握无理数这个概念。在教学中我们要善于运用这一点，引导学生注意分析具有矛盾关系的两个概念的内涵，以便使学生在认清某概念的正反两方面的基础上，加深对这个概念的认识。

（2）对立关系

有的同学认为，在整数范围内正数的反面就是负数，负数的反面就是正数，若将这种误解运用到反证法中去，必然导致错误。具有全异关系的两个概念是反对关系还是矛盾关系，有时不是绝对的。比如，有理数与无理数在实数范围内是矛盾关系，但在复数范围内却是反对关系。

任何两个概念间的关系或为同一关系，或为从属关系，或为交叉关系，或为全异关系，也就是说任何两个概念必然具有以上四种关系中的一种关系，只有在学科的概念体系中分清各概念之间的区别和联系，才能达到真正明确概念的目的。因而我们在教学中要善于引导学生在分清概念间的关系的过程中掌握各个概念。

（四）数学概念定义的结构、方式和要求

1. 定义的结构

前面已经指出概念是由它的内涵和外延共同明确的，由于概念的内涵与外延的相互制约性，确定了其中一个方面，另一方面也就随之确定。概念的定义就是揭示该概念的内涵或外延的逻辑方法。揭示概念内涵的定义叫作内涵定义，揭示概念外延的定义叫作外延定义。

任何定义都是由三部分组成：被定义项、定义项和定义联项。被定义项是需要明确的概念，定义项是用来明确被定义项的概念，定义联项则是用来连接被定义项和定义项的。

2. 定义的方式

（1）邻近的属加种差定义

在一个概念的属概念当中，内涵最多的属概念称为该概念邻近的属。例如，矩形的属概念有四边形、多边形、平行四边形等。其中平行四边形是矩形邻近的属。要确定某个概念，在知道了它邻近的属以后，还必须指出该概念具有这个属概念的其他种概念不具有的属性才行。这种属性称为该概念的种差，如“一个角是直角”就是矩形区别于平行四边形其他种概念的种差。这样，我们就可以把矩形定义为：“一个角是直角的平行四边形叫作矩形。”

（2）发生定义

发生定义是邻近的属加种差定义的特殊形式，它是以被定义概念所反映的对象产生或形成的过程作为种差来下定义。例如，“圆是由一定线段的一动端点在平面上绕另一个不动端点运动而形成的封闭曲线”，这就是一个发生式定义，类似的发生式定义还可用于椭圆、抛物线、双曲线、圆柱、圆锥、圆台、球等概念。

3. 定义的要求

为了使概念的定义正确、合理，应当遵循以下一些基本要求。

（1）定义要清晰

定义要清晰，即定义项所选用的概念必须完全已经确定。

循环定义不符合这一要求，所谓循环定义是指定义项中直接或间接地包

含被定义项。例如，定义两条直线垂直时，用了直角："相交成直角的两条直线叫做互相垂直的直线"，然后定义直角时，又用了两条直线垂直："一个角的两条边如果互相垂直，这个角就叫作直角"，这样前后两个定义就循环了，结果仍然是两个"糊涂"概念，同词同义反复也不符合这一要求，因为它是用自己来定义自己。

此外，定义项中也不能含有应释未释的概念或以后才给出定义的概念。

（2）定义要简明

定义要简明，即定义项的属概念应是被定义项邻近的属概念，且种差是独立的。例如，把平行四边形定义为"有四条边且两组对边分别平行的多边形"是不简明的，因为多边形不是平行四边形邻近的属概念；如果把平行四边形定义为"两组对边分别平行且相等的四边形"也是不简明的，因为种差"两组对边分别相等"与"两组对边分别平行"不互相独立，由其中一个可以推出另一个。

（3）定义要适度

定义要适度，即定义项所确定的对象必须纵横协调一致。

同一概念的定义，前后使用时应该一致，不能发生矛盾；一个概念的定义也不能与其他概念的定义发生矛盾。例如，如果把平行线定义为"两条不相交的直线"，则与以后要学习的异面直线的定义相矛盾。如果把无理数定义为"开不尽的有理数的方根"，就使得其他的无限不循环小数被排斥在无理数概念所确定的对象之外，造成数概念体系的诸多麻烦以致混乱。

要符合这一要求，如果是事先已经获知某概念所反映的对象范围，只是在检验该概念定义的正确性时，可以用"定义项与被定义项的外延必须全同"来要求。

二、数学命题

数学家对数学研究的结果往往是用命题的方式表示出来。数学中的定义、法则、定律、公式、性质、公理、定理等，都是数学命题，因此数学命题是数学知识的主体。数学命题与概念、推理、证明有着密切的联系，命题是由概念组成的，概念是用命题揭示的：命题是组成推理的要素，而很多数学命题是经过推理获得的。命题是证明的重要依据，而命题的真实性一般都需要经过证明才能确认，因此数学命题的教学，是数学教学的重要组成部分。

（一）判断和语句

判断是对思维有所肯定或否定的思维形式。例如，对角线相等的梯形是等腰梯形，三个内角对应相等的两个三角形是全等三角形，指数函数不是单调函数等。

由于判断是人的主观对客观的一种认识，所以判断有真有假。正确地反映客观事物的判断称为真判断，错误地反映客观事物的判断是假判断。

判断作为一种思维形式、一种思想，其形式和表达离不开语言。因此，判断是以语句的形式出现的表达判断的语句称为命题。因此，判断和命题的关系是同一对象的内核与外壳之间的关系，有时我们对这两者也不加区分。

（二）命题特征

判断处处可见，因此命题无处不在。例如在数学中，“正数大于零”“负数小于零”“零既不是正数，也不是负数”就是最普通的命题。命题就是对所反映的客观事物的状况有所断定，它或者肯定某事物具有某属性，或者否定某事物具有某属性，或者肯定某些事物之间有某种关系，或者否定某些事物具有某种关系。如果一个语句所表达的思想无法断定，那么它就不是命题，因此，“凡命题必有所断定”可看成是命题的特征之一。

第四节　高等数学教师的专业发展分析

一、新课程背景下的教师角色转变

基础教育课程改革的浪潮滚滚而来，新课程体系在课程功能、结构、内容、实施、评价和管理等方面都较原来的课程有了重大创新和突破。这场改革给教师带来了严峻的挑战和不可多得的机遇，可以说，新一轮国家基础教育课程改革将使我国的教师角色、行为、工作方式、教学技能以及教学策略等发生历史性的变化。

（一）教师角色转变

1. 从教师与学生的关系看，新课程要求教师应该是学生学习的促进者

教师即促进者，指教师从过去仅作为知识传授者这一核心角色中解放出来，促进以学习能力为重心的学生个性的和谐、健康发展。教师即学生学习的促进者，是教师最明显、最直接、最富时代性的角色特征，是教师角色特征中的核心特征。其内涵主要包括以下两个方面：

（1）教师是学生学习能力的培养者

强调能力培养的重要性，是因为：首先，现代科学知识量多且发展快，教师要在短短的几年学校教育时间里，把所教学科的全部知识传授给学生已不可能，而且也没有这个必要，教师作为知识传授者的传统地位被动摇了。其次，教师作为学生唯一知识源的地位已经动摇。学生获得知识信息的渠道多样化了，教师在传授知识方面的职能也变得复杂化了，不再是只传授现成的教科书上的知识，而是要指导学生学会如何获取自己所需要的知识，掌握获取知识的工具以及学会如何根据认识的需要去处理各种信息的方法。总之，教师再也不能把知识传授作为自己的主要任务和目的，把主要能力放在检查学生对知识的掌握程度上，而应成为学生学习的激发者、辅导者、各种能力和积极个性的培养者，把教学的重心放在如何促进学生“学”上，从而真正实现“教是为了不教”。

（2）教师是学生人生的引路人

这一方面要求教师不能仅仅是向学生传播知识，而是要引导学生沿着正确的道路前进，并且不断地在他们成长的道路上设置不同的路标，引导他们不断地向更高的目标前进。另一方面要求教师从过去“道德说教者”“道德偶像”的传统角色中解放出来，成为学生健康心理、健康品德的促进者、催化剂，引导学生学会自我调适、自我选择。

2. 从教学与研究的关系看，新课程要求教师应该是教育教学的研究者

在教师的职业生涯中，传统的教学活动和研究活动是彼此分离的。教师的任务只是教学，研究被认为是专家们的“专利”。教师不仅鲜有从事教学研究的机会，而且即使有机会参与，也只能处在辅助的地位，配合专家、学者进行实验。这种做法存在着明显的弊端，一方面，专家、学者的研究课题及其研究成果并不一定为教学实际所需要，也并不一定能转化为实践上的创新。另一方面，教师的教学如果没有一定的理论指导，没有以研究为依托的提高和深化，就容易固守在重复旧经验、照搬老方法里不能自拔。这种教学与研究的脱节，对教师的发展和教学的发展是极其不利的，它不能适应新课程的要求。新课程所蕴含的新理念、新方法以及新课程实施过程中所出现和遇到的各种各样的新问题，都是过去的经验和理论难以解释和应付的，教师不能被动地等待着别人把研究成果送上门来，再不假思索地把这些成果应用到教学中去，教师自己就应该是一个研究者。教师即研究者，意味着教师在教学过程中要以研究者的心态置身于教学情境之中，以研究者的眼光审视和分析教学理论与教学实践中的各种问题，对自身的行为进行反思，对出现的问题进行探究，对积累的经验进行总结，从而形成规律性的认识。这实际上也就是国外多年来所一直倡导的“行动研究”，它是为行动而进行的研究，即不是脱离教师的教学实际而是为解决教学中的问题而进行的研究；是对行动的研究，即这种研究的对象即内容就是行动本身。可以说，“行动研究”把教学与研究有机地融为一体，它是教师由“教书匠”转变为“教育家”的前提条件，是教师持续进步的基础，是提高教学水平的关键，是创造性实施新课程的保证。

3. 从教学与课程的关系看，新课程要求教师应该是课程的建设者和开发者

在传统的教学中，教学与课程是彼此分离的。教师被排斥于课程之外，教师的任务只是教学，是按照教科书、教学参考资料、考试试卷和标准答案去教，课程游离于教学之外。教学内容和教学进度是由国家的教学大纲和教学计划规定的，教学参考资料和考试试卷是由专家或教研部门编写和提供的，教师成了教育行政部门各项规定的机械执行者，成为各种教学参考资料的简单照搬者。有专家经过调查研究尖锐地指出，现在有不少教师离开了教科书，就不知道教什么。

新课程倡导民主、开放、科学的课程理念，同时确立了国家课程、地方课程、校本课程三级课程管理政策，这就要求课程必须与教学相互整合，教师必须在课程改革中发挥主体性作用。教师不能只成为课程实施中的执行者，更应成为课程的建设者和开发者。为此，教师要形成强烈的课程意识和参与意识，改变以往学科本位论的观念和消极被动执行的方法；教师要了解和掌握各个层次的课程知识，包括国家层次、地方层次、学校层次、课堂层次和学生层次，以及这些层次之间的关系；教师要提高课程建设能力，使国家课程和地方课程在学校、在课堂实施中不断增值、不断丰富、不断完善；教师要锻炼并形成课程开发的能力，新课程越来越需要教师具有开发本土化、乡土化、校本化的课程的能力；教师要培养课程评价的能力。

4. 从学校与社区的关系来看，新课程要求教师应该是社区型的开放的教师

随着社会发展，学校渐渐不再只是社区中的一座“象牙塔”，与社区生活毫无联系，而是越来越广泛地同社区发生各种各样的内在联系。一方面，学校的教育资源向社区开放，引导和参与社区的一些社会活动，尤其是教育活动；另一方面，社区也向学校开放自己的可供利用的教育资源，参与学校的教育活动。学校教育与社区生活正在走向终身教育要求的“一体化”，学校教育社区化，社区生活教育化。新课程特别强调学校与社区的互动，重视挖掘社区的教育资源。在这种情况下，相应地，教师的角色也需要转变，教师的教育工作不能仅局限于学校课堂了。教师不仅是学校的一员，而且是整个社区的一员，是整个社区教育、科学、文化事业的共建者。因此，教师的角色必须从仅仅是专业型教师、学校教师，拓展为“社区型”教师。教师角色是开放型的，教师要特别注重利用社区资源来丰富学校教育的内容和意义。

（二）教师行为转变

新课程要求教师提高素质、更新观念、转变角色，必然也要求教师的教学行为产生相应的变化。

1. 在对待师生关系上，新课程强调尊重、赞赏

“为了每一位学生的发展，是新课程的核心理念。为了实现这一理念，教师必须尊重每一位学生的尊严和价值”。尤其要尊重以下六种学生：尊重智力发育迟缓的学生；尊重学业成绩不良的学生；尊重被孤立和拒绝的学生；

尊重有过错的学生；尊重有严重缺点和缺陷的学生；尊重和自己意见不一致的学生。

尊重学生同时意味着不伤害学生的自尊心：不体罚学生；不辱骂学生；不大声训斥学生；不冷落学生；不羞辱、嘲笑学生；不随意当众批评学生。

教师不仅要尊重每一位学生，还要学会赞赏每一位学生：赞赏每一位学生的独特性、兴趣、爱好、专长；赞赏每一位学生所取得的哪怕是极其微小的成绩；赞赏每一位学生所付出的努力和所表现出来的善意；赞赏每一位学生对教科书的质疑和对自己的超越。

2. 在对待教学关系上，新课程强调帮助、引导

“教”怎样促进“学”呢?“教”的职责在于帮助学生检视和反思自我，明了自己想要学习什么和获得什么，确立能够达成的目标；帮助学生寻找、搜集和利用学习资源；帮助学生设计恰当的学习活动和形成有效的学习方式；帮助学生发现他们所学内容的个人价值和社会价值；帮助学生营造和维持学习过程中积极的心理氛围；帮助学生对学习过程和结果进行评价，并促进评价的内在化；帮助学生发现自己的潜能。

“教”的本质在于引导，引导的特点是含而不露、指而不明，开而不达、引而不发。引导的内容不仅包括方法和思维，同时也包括价值和做人。引导可以表现为一种启迪：当学生迷路的时候，教师不是轻易告诉方向，而是引导他怎样去辨明方向；引导可以表现为一种激励，当学生登山畏惧了的时候，教师不是拖着他走，而是唤起他内在的精神动力，鼓励他不断向上攀登。

3. 在对待自我上，新课程强调反思

反思是教师以自己的职业活动为思考对象，对自己在职业中所做出的行为以及由此所产生的结果进行审视和分析的过程。教学反思被认为是“教师专业发展和自我成长的核心因素”，新课程非常强调教师的教学反思，按教学的进程，教学反思分为教学前、教学中、教学后三个阶段。在教学前进行反思，这种反思能使教学成为一种自觉的实践；在教学中进行反思，即及时、自动地在行动过程中反思，这种反思能使教学高质高效地进行，教学后的反思，即有批判地在行动结束后进行反思，这种反思能使教学经验理论化，教学反思会促使教师形成自我反思的意识和自我监控的能力。

4. 在对待与其他教育者的关系上，新课程强调合作

在教育教学过程中教师除了面对学生外，还要与周围其他教师发生联系，要与学生家长进行沟通与配合。课程的综合化趋势特别需要教师之间的合作，不同年级、不同学科的教师要相互配合、齐心协力地培养学生。每个教师不仅要教好自己的学科，还要主动关心和积极配合其他教师的教学，从而使各学科、各年级的教学有机融合、相互促进。教师之间一定要相互尊重、相互学习、团结互助，这不仅具有教学的意义，而且具有教育的功能。

（三）教师工作方式的转变

1. 教师之间将更加紧密地合作

传统教师职业的一个很大特点是单兵作战。在日常教学活动中，教师大多数是靠一个人的力量解决课堂里面的所有问题，而新课程的综合化特征，需要教师与更多的人、在更大的空间、用更加平等的方式从事工作，教师之间将更加紧密地合作。可以说，新课程增强了教育者之间的互动关系，将引发教师集体行为的变化并在一定程度上改变教学的组织形式和教师的专业分工。

新课程提倡培养学生的综合能力，而综合能力的培养要靠教师集体智慧的发挥。因此，必须改变教师之间彼此孤立与封闭的现象，教师必须学会与他人合作，与不同学科的教师打交道。例如，在研究性学习中，一学生打破班级界限，根据课题的需要和兴趣组成研究小组，由于一项课题往往涉及数学、地理、物理等多种学科，需要几位教师同时参与指导。教师之间的合作，教师与实验员、图书馆员之间的配合将直接影响课题研究的质量。在这种教育模式中，教师集体的协调一致、教师之间的团结协作、密切配合显得尤为重要。

2. 要改善自己的知识结构

新课程呼唤综合型教师，这是一个非常值得注意的变化。多年来，学校教学一直是分科进行的，教师的角色一旦确定，不少教师便画地为牢，把自己禁锢在学科壁垒之中，不再涉猎其他学科的知识。教数学的不研究数学在物理、化学、生物中的应用，教语文的也不阅读历史、地理、政治书籍。这种单一的知识结构，远远不能适应新课程的需要。

此次课程改革，在改革现行分科课程的基础上，设置了以分科为主、包含综合课程和综合实践活动的课程。由于课程内容和课题研究涉及多门学科知识，这就要求教师要改善自己的知识结构，使自己具有更开阔的教学视野。除了专业知识外，还应当涉猎科学、艺术等领域。另外，无论哪一门学科、哪一本教材，其涵盖的内容都十分丰富，高度体现了学科的交叉与综合。

3. 要学会开发利用课程资源

教师要学会开发利用课程资源，可以从以下四方面做起：

（1）加强网络课程资源的开发

数学网络课程资源的开发，可以通过创建校园数学网站或个人网站，建立起数学信息资源库。国内数学教育网站有凤凰数学论坛、人教论坛、数学论坛、中国数学会、数学知识、数学世界、数学在线、吉林大学数学天地等，这些都是很好的数学教育网站；国外的美国杜克大学跨课程计划（CCP 计划）、美国国家空间与宇航局（NASA）的教育网站，以及美国能源部的阿尔贡国家实验室的牛顿聊天室都是与数学教学有关的网站。在需要的时候，就可以到信息资源库进行点击检索。这不仅节约大量寻找资源的时间，而且同一资源可以为不同人反复使用，提高使用效率。

（2）注重教师自身课程资源的开发

教师不仅是课程资源的使用者，而且是课程资源的鉴别者和开发者，教师是最为重要的课程资源。教师对课程资源的认识决定了课程资源开发和利用的程度，以及课程资源在新课程中所发挥的作用。因此，在课程资源的建设中，一定要把教师自身的建设放在首位，通过这一课程资源的发展带动其他课程资源的开发利用。

（3）充分利用学生资源

苏联教育家苏霍姆林斯基曾反复强调：“学生是教育的最重要的力量，如果失去了这个力量，教育也就失去了根本。”学生是有生命的不同的个体，不同学生生活背景不同、经验不同，就会形成不同的认知结构。在教学中不同学生之间就可以分享经验，取长补短。因此，学生自身也是重要的课程资源。

（4）有效利用现有课程资源

校内外的课程资源对于新课程的实施具有重要价值。校内课程资源方便，符合本校特色，是学校课程资源建设的重点，是学校课程实施质量的主要保证。校外课程资源对于充分实现课程目标具有重要价值，是校内课程资源的重要补充。但是，在相当长的时间内，校外课程资源没有得到很好的利用。

（四）教师教学策略的转变

1. 由重知识传授向重学生发展转变

传统教学中的知识传授重视对精神的传授，忽视了“人”的发展。新的课程改革要求教师以人为本，呼唤人的主体精神，因此教学的重点要由重知识传授向重学生发展转变。

我们知道，学生既不是一个待灌的瓶，也不是一个无血无肉的物，而是一个活生生的有思想、有自主能力的人，学生在教学过程中学习，既可学习掌握知识，又可得到情操的陶冶、智力的开发和能力的培养，同时又可形成良好的个性和健全的人格。从这个意义上说，教学过程既是学生掌握知识的过程，又是一个身心发展、潜能开发的过程。

21 世纪，市场经济的发展和科技竞争已经给教育提出了新的挑战。教育不再是仅仅为了追求一张文凭，而是为了使人的潜能得到充分的发挥，使人的个性得到自由和谐的发展；教育不再是仅仅为了适应就业的需要，而要贯穿学习者的一生。

2. 由重教师“教”向重学生“学”转变

传统教学中教师的“讲”是教师牵着学生走，学生围绕教师转，这是“以教定学”。让学生配合和适应教师的“教”，长此以往，学生习惯被动学习，学习的主动性也渐渐丧失。显然，这种以教师“讲”为中心的教学，使学生处于被动状态，不利于学生的潜能开发和身心发展。新课程提倡，教是为了学生的“学”，教学评价标准也应以关注学生的学习状况为主。

3. 由重结果向重过程转变

“重结果轻过程”，这也是传统课堂教学中一个十分突出的问题，是一个十分明显的教学弊端。所谓“重结果”就是教师在教学中只重视知识的结论、教学的结果，忽略知识的来龙去脉，压缩了学生对新知识学习的思维过程，而让学生去重点背诵标准答案。

所谓“重过程”就是教师在教学中把教学的重点放在过程，放在揭示知识形成的规律上，让学生通过感知—概括—应用的思维过程去发现真理，掌握规律。在这个过程中，学生既掌握了知识，又发展了能力，重视过程的教学要求教师在教学设计中揭示知识的发生过程，暴露知识的思维过程，从而使学生在教学过程中思维得到训练，既长知识又增才干。

由此可以看出，过程与结果同样重要，没有过程的结果是无源之水，无本之木。如果学生对自己学习知识的概念、原理、定理和规律的过程不了解，没有能力开发和完善自己的学习策略，那就只能是死记硬背和生搬硬套的机械学习。我们知道，学生的学习往往经历“（具体）感知—（抽象）概括—（实际）应用”这样一个认识过程，而在这个过程中有两次飞跃。第一次飞跃是“感知—概括”，也就是说学生的认识活动要在具体感知的基础上，通过抽象概括，从而得出知识的结论。第二次飞跃是“概括—应用”，这是把掌握的知识结论应用于实际的过程。显然学生只有在学习过程中真正实现了这两次飞跃，教学目标才能实现。

4. 由统一规格教育向差异性教育转变

要让学生全面发展，并不是要让每个学生、每个学生的每个方面部按统一规格平均发展。一刀切、齐步走、统一规格、统一要求——这是现行教育中存在的一个突出问题。备课用一种模式，上课用一种方法，考试用一把尺子，评价用一种标准——这是要把千姿百态、风格各异的学生“培养”成一种模式化的人。显而易见，“一刀切”的统一规格教育既不符合学生实际，又有害于人才的培养。目前课堂教学中出现的许多问题以及教学质量的低下，就与一刀切、统一要求有关。教学中我们既找不到两个完全相似的学生，也不会找到能适合任何学生的一种教学方法。这就需要我们来研究学生的差异，以便找到因材施教的科学依据。

5. 由单向信息交流向组合信息交流转变

从信息论上说，课堂教学是由师生共同组成的一个信息传递的动态过程。由于教师采用的教学方法不同，存在以下四种主要信息交流方式。

①以讲授法为主的单项信息交流方式，教师施，学生受。

②以谈话法为主的双向交流方式，教师问，学生答。

③以讨论法为主的三项交流方式，师生之间互相问答。

④以探究—研讨为主的综合交流方式，师生共同讨论、研究、做实验。

按照最优化的教学过程必定是信息量流通的最佳过程的理论，显而易见，后两种教学方法所形成的信息交流方式最好，尤其以第四种多向交流方式为最佳。这种方法把学生个体的自我反馈、学生群体间的信息交流，与师生间的信息反馈、交流及时普遍地联系起来，形成了多层次、多通道、多方位的立体信息交流网络。这种教学方式能使学生通过合作学习互相启发、互相帮助，使不同智力水平、认知结构、思维方式、认知风格的学生实现“互补”，达到共同提高。这种方式还加强了学生之间的横向交流和师生之间的纵向交流，并把两者有机地贯穿起来，组成网络，使信息交流呈纵横交错的立体结构。这是一种最优化的信息传送方式，它确保了学生的思维在学习过程中始终处于积极、活跃、主动的状态，使课堂教学成为一系列学生主体活动的展开与整合过程。

二、数学教师专业化

（一）数学教师专业发展概述

对于“教师专业发展”概念的界定，可以说是仁者见仁、智者见智，尽管国外关于教师专业发展的研究比较早，相对来说也较为成熟，但是学者对“教师专业发展”的认识也并非一致，仍然是众说纷纭。

国内学者对“教师专业发展”的界定，也没有统一的说法。叶澜等学者认为“教师专业发展就是教师的专业成长或教师内在专业结构不断更新、演进和丰富的过程。”而宋广文等人则提出了教师本位的教师专业发展观，即教师本位的教师专业发展是针对忽视教师自我的被动专业发展提出的，它强调的是教师专业发展对教师人格完善、自我价值实现的重要性和教师主体在教师专业发展中的重要角色与价值。概言之，它强调的是教师个体内在专业特性的提升。因此，“教师专业发展是指教师个体的专业知识、专业技能、专业情意、专业自主、专业价值观、专业发展意识等方面由低到高，逐渐符合教师专业人员标准的过程”[1]。

衡量教师的专业化水平有以下五个标准：一是提供重要的社会服务。二是具有该专业的理论知识。三是个体在本领域的实践活动中具有高度的自主权。四是进入该领域需要经过组织化和程序化的过程。五是对从事该项活动有典型的伦理规范。

20 世纪 80 年代，美国霍姆斯小组的报告《明天的教师》中提出，教师的专业教育至少应包括五个方面：一是把教学和学校教育作为一个完整的学科研究。二是学科教育学的知识，即把“个人知识”转化为“人际知识”的教学能力。三是课堂教学中应有的知识和技能。四是教学专业独有的素质、价值观和道德责任感。五是对教学实践的指导。

NCTM 在 1991 年发表了《数学教师专业发展标准》，其中给出了数学教师专业发展的六个标准：一是感受好的数学教学。地是精于数学和学校数学。三是深知作为数学学习者的学生。四是精于数学教学法。五是以数学教师的标准不断提高自己。六是专业发展中教师的职责。

国际新教师专业特性论文——弹性专业特性论的研究者塔尔伯特研究认为，教学实践的专业标准是在学校教育的日常环境中被社会议定的。因此，教师的专业特性在很大程度上取决于局部性教师共同体的强度和性质。一个学校、一个地区都可以形成教师共同体，通常学校所设的教研组，就可视为一个教师共同体。所形成的具有地方性、特色性的标准会直接影响数学教师的专业化成长。

教师成为研究者已是国际教育改革的趋势化要求，也是教师专业化的重

[1] 魏淑华，宋广文，张大均．我国中小学教师职业认同的结构与量表［J］．教师教育研究，2013，25（1）：55-60.

要内涵。因而组织数学教师进行数学教育的科学研究是数学教师专业化成分的重要途径之一。尽管研究表明，教师教学能力的重要来源是自身的教学经验和反思，但随着教育改革的深入，数学教师“单打独斗”的教学工作或研究工作均已不能适应教育发展的要求，有效地合作才是上述工作水平得以提高的良好方式。

数学教师的专业化也可表述为数学教师在整个数学教育教学职业生涯中，通过终身数学教育专业训练，获得数学教育专业的数学知识、数学技能和数学素养，实施专业自主，表现专业道德，并逐步提高自身从教素养。成为一名良好的数学教育教学工作者的专业成长过程，也就是从一个“普通人”变成“数学教师”的专业发展过程。

数学教师数学专业化结构包括数学学科知识不断学习积累的过程、数学技能逐渐形成的过程、数学能力不断提高的过程、数学素养不断丰富的过程。数学教师在职前教育中要保证学到足够的数学科学知识，要足以满足数学学科教学与研究的需要，足以满足学生的数学知识需求，这就要求高职数学专业课程的设置要全面合理。

数学教师教育专业化结构基本内涵：数学教师专业劳动不仅是一种创造性活动，而且是一种综合性艺术，缺乏教育学科知识的人很难成为一名合格的数学教师，因为数学教师需要将数学知识的学术形态转化为数学教育形态。数学教师需要学习教育学、心理学、数学教育学、数学教学信息技术、数学教育实习等理论和实践课程，这些课程知识均构成数学教师专业化的内涵。

数学教师的专业情意结构可以从下述方面理解：性格活泼开朗，为他人所信任并乐意帮助他人，愿意和乐意担任数学教师，热爱数学，热爱并尊重学生，同时为学生所热爱和尊重，激发学生对数学学习的兴趣。数学教学是一个丰富的、复杂的、交互动态的过程，参与者不仅在认知活动中，而且在情感活动、人际活动中实现着自己的多种需要。每一堂数学课的教学，都凝聚着数学教师高度的使命感和责任感，都是数学教师专业化发展过程的直接体现。每一堂数学课的教学质量，都会影响到学生、家长、社会对数学教师及数学教师职业的态度。数学教师专业水平和个人情意在数学教学中对激发学生的学习兴趣、营造数学学习环境、提高教学质量、完善学生人格个性、优化情感品质、提高数学认知等方面均有重要作用。

（二）数学教师专业化的必要性

1. 数学教师专业化是现代数学教育发展的需要

教师职业的专业属性当然不像医生、律师等职业那样有那么高的专业化程度，但从教师的社会功能来看，教师职业确实具有其他职业无法代替的作用；从专业现状看，还只能称为一个半专业性职业。随着我国经济的快速发展、综合国力不断增强，社会对教育的需求越来越高，教师的素质、教师的专业化水平程度必然随之提高，教师的人才市场竞争也会越来越激烈，所以只有完全按照教师专业化职业标准进行培养，才能保证教师人才适应社会发展需要。

2. 数学教师专业化是双专业性的要求

数学教育既包括了学科专业性，又包括了教育专业性，是一个双专业人才培养体系，从而数学教师教育要求数学学科水平和教育理论学科水平都达到一定要求和高度。在我国数学教师现状中，达到双专业性要求的教师很少，大多数只停留在本专业水平。尤其是我国教师专业化要求还很不完善，无论师范院校还是其他非师范院校的大学毕业生都可以当老师，所以有些老师具有重点大学的学历或学位，拥有较扎实的数学基础功底，然而对于教学实践中“如何教”的问题还存在困惑，对教育理论课程缺乏系统的学习；也有一些教师，虽然他们积累了较丰富的教学经验，但随着教育改革的深入，实际教学对数学教师专业知识方面的要求越来越高。

3. 数学教师专业化是新课程改革的必然结果

新课程改革提出了很多全新的理念。其中很多理念可以说是对传统观念的彻底否定，从而必然给现在的教师以很大的压力和强烈的不适应感。教师的角色需要转变，科研型教师的呼声越来越高，研究性学习被重视。问题解决被列入教学目标，数学建模给老师的专业水平提出了挑战，这些在我国传统的数学教育中都是可以回避的，然而，如今为了应对课程改革，必须要解决这些问题。因此，我国的数学教育改革能否成功，与数学教师专业化要求紧密相关。

（三）专业化数学教师的培养

1. 抓好高师院校数学专业培养这个源头

广大一线数学教师大部分由高师院校数学系培养，数学教师职前培养是数学教师专业化的起点，应当把专业化作为数学教师职前培养改革的核心问题，使之体现在课程设置与培养目标中。数学教育既非数学又非教育，而是数学教师专业化固有的本质特征，有数学就有数学教育的说法是不科学的。在数学教育中，数学肯定是为主的，将专业化的数学教师归纳为数学教育人，并用下列公式表述：数学教育人=数学人+教育人+数学教育综合特征，这一表述为数学教师专业化指明了一种可能的途径。要实施好的数学教育，数学思想、数学思维、数学方法、数学文化、数学史、数学哲学等都是必需的素材，这些素材都依赖于数学，所以高师院校数学系必须要开足数学课程。

2. 数学教师专业化要特别强调科研意识和科研能力

关于教学与科研，也是颇有争议的话题。传统数学教学重教学轻科研，导致对教师专业化的要求大为降低。然而教学是一个软指标，谁不能教学？在我国现有的教师中，有研究生学历的，有本科学历的，有中专学历的，有高中学历的，有些甚至连高中学历都没有的（民办教师中），我们很少发现因为教学水平低而下岗或被开除的老师，或者这样说，如果没有较高的专业化标准要求，教学（当老师）是否是件很容易的事情？

教师专业发展可分为五个阶段：以刚入职的新教师为起点，成为适应型教师为第一阶段；由适应型教师发展成为知识型、经验型和混合型教师为第二阶段；由知识型、经验型和混合型教师发展为准学者型教师为第三阶段；由准学者型教师发展成为学者型教师为第四阶段；由学者型教师发展为智慧型教师为第五阶段。这五个阶段对应教师不同的成长时期，有着不同的发展基础和条件，有着不同的发展目标和要求，也面临着不同的困难和障碍，从而表现出不同阶段的发展特征。

（1）适应与过渡时期

适应与过渡时期是数学教师职业生涯的起步阶段。这一时期的教师，一方面，由于对学校组织结构和制度文化还不太熟悉，不太懂得怎么教学、怎么评价学生、如何与家长沟通并取得家长的支持配合等；另一方面，他们又面临着被管理层、同事、家长和学生评价的压力，面临着同事之间各种形式的竞争，面临着身份转换之后所产生的心理上的不适应和职业的陌生感，面临着理想的职业目标与平淡的生存现实之间的反差和失落，面临着高投入与低回报所导致的身心疲劳、焦虑和无助，往往容易产生一种强烈的挫折感和消极的逃避心态，导致其工作热情降低、专业认识错位和职业情意失控，导致对教师职业价位崇高性的低判断和低估自己教学能力的现象。这一时期，是教师专业发展较为困难的时期。这一时期是教师的理论与实践相结合的初级阶段，教师要尽快适应学校的教育教学工作的要求。为此，教师要积极应对角色的转换，积极认同学校的制度和文化，要加快专业技能的发展。

（2）分化与定型时期

分化与定型时期以适应型教师为起点。适应型教师尽管摆脱了初期的困窘状态，但又面临着更高的专业发展要求，这是因为，他们的专业水平和业务能力在学校中还处于相对低位，自己缺乏一种安全感。而人们对他们的评价标准和要求将随着其教龄的增长而提高，他们与其他教师之间的竞争开始处于同一起跑线上。人们不再以一种宽容同情的眼光来对待他们，重点关注的不再是他们的工作态度而是工作方法和实际业绩。他们那种初为人师的激情和甜蜜开始分化，有的会慢慢地趋于平淡、冷漠甚至厌倦，早期的职业倦怠现象开始出现。由原先的困惑和苦恼进入初步成长的喜悦和收获期后，一部分教师对职业的“悦纳感”进一步加强，对专业发展的态度更加端正、稳定和执着，专业发展的动力结构既有外界的任务压力，更有自觉追求和发展的内驱力；教学经验日益丰富，教学技能迅速提高，专业发展进入第一个快速提升期，并出现了定型化发展的趋势。其中，绝大多数教师磨炼自己的教学技能，积累成功的教学经验，全面发展自己的专业能力，努力成长为一个具有相当水平和能力的教书经验型教师。经验的丰富化和个性化，技能的全面化和熟练化，成为其明显的特征；也有一部分教师仍旧沿袭理论学习和发展的传统，在注重教育教学技能发展的同时，更侧重系统理论的学习，成为知识型教师。较之前者，他们明显存在理论的优势和思想的超前，但在实践技能和教学经验全面性和有效性方面与前者存在一定的差距；还有少量教师则始终强调理论学习与实践技能的同时发展，表现出一种特色不明显、但各方面发展比较整齐均衡的混合型特点。这三种不同的发展方向，在很大程度上与教师的个性类型有关，更主要的是与其生长的环境和同伴群体的影响有密切关系。

（3）突破与退守时期

这一时期以经验型、知识型和混合型教师为特点，进入一个相对稳定的发展阶段。这时，教师职业的新鲜感和好奇心开始减弱，职业敏感度和情感投入度在降低，工作的外部压力有所缓和。职业安全感有所增加，开始习惯于运用自己的经验和技术来应对日常教育教学工作所遇到的问题。工作出现更多的思维定式和程序化的经验操作行为。在这个阶段，尽管教师们都有进一步发展的意愿和动机，但工作任务重，受干扰的因素多，精力易分散，表现出发展速度不快、水平提高缓慢、业务发展不尽如人意的特征。教师对专业发展的态度也出现了分歧。有的满足于现状，转向对生活的追求；有的向上突破难成，就退而求其次，工作进入应付和维持状态，有的尽管希望在专业发展上有更大的突破，但在发展道路和策略的选择上进入迷惘和困惑的状态。教师开始出现不同程度的职业倦怠现象，再加上谈婚论嫁、生儿育女等家庭生活问题也摆上重要的议事日程。上述各种因素导致教师专业发展进入了一个漫长的以量变为特征的高原期，突破高原期是这一阶段教师的共同任务和普遍追求，要突破高原期，既要解决知识与技能、过程与方法的问题，也要解决情感意志价值观的问题。为此要客观冷静、科学理性地认识和对待高原现象，不急不躁，练好内功，要进一步增强教师专业发展的自主意识。

3. 成熟与维持时期

成熟时期的教师表现出明显的稳定性特征，同时也因其资深的工作经历、较高的教学水平和较为扎实的理论功底，成为当地教育教学领域的领军人物。在这一过程中，也会出现几种分化发展的现象，有的“教而优则仕”，转向了教育教学管理的工作，担任校长或教育局局长之类的教育行政管理工作，兴趣开始转向行政管理；也有的满足于现状；有的教育教学水平不错，以为自己功成名就，该是享受人生、享受生活，甚至该是赚钱养老的时候，因而精力分散，兴趣转移，不再从事艰苦的创新性的教育教学和研究工作，这种专业发展态度的转移导致其出现大量的维持行为，有继续发展的想法和行动，但受到个人的生活环境、工作经历、学术背景、教学个性、知识结构、能力水平、兴趣爱好及气质性格的限制，难以摆脱原有经验和框架的束缚，难以自我超越，客观上也表现出跟原有水平相差不大的维持特征。这时，就要以科学的发展观为指导，坚持可持续发展的道路。通过建立学习型组织，培养学习型教师，要引导教师学会系统思维，学会自我超越；教师自己要有与时俱进、开拓创新的精神，永不满足、勇攀高峰的态度，要以科学研究项目为载体，加强原始创新、集成创新和引进消化创新，或者创建一套在实践中切实有效的操作体系，或者在理论的某一方面建言立论，开宗立派，构建起自己的教育理论体系，成为某一领域的学术权威，从而完成从学习到整合、从整合到创造性应用、从应用到首创的这一质变过程，进而发展成为学者型教师。

4. 创造与智慧时期

学者型教师继续向上努力，就要以智慧型教师为专业发展的方向。这时教师的哲学素养高低、视界的远近就成为制约其发展的重要因素。教师个人的教育理论发展能否找到一个更加合理的逻辑起点，建立在一个更高的思想层面上，同时能否从单一的实践经验和教育理论学科角度转移到系统科学研究上，能否让自己的教育理论成为大智慧，建立自己的教育哲学体系和教育信仰，就成为决定教师能否成长为教育家的关键因素。真正的教育家既有自己的原创性的理论体系，又建构起相对应的实践操作体系，二者水乳交融。其核心标志是具有普遍意义的教育哲学体系的创造和教育理论体系的集成。教育智慧是良好教育的一种内在品质，表现为教育的一种自由、和谐、开放和创造的状态，表现为真正意义上尊重生命、关注个性、崇尚智慧、追求人生丰富的教育境界，是教育科学与艺术高度融合的产物，是教师在探求教育教学规律基础上长期实践、感悟、反思的结果，也是教师教育理论、知识学养、情感与价值观、教育机智、教学风格等多方面素质高度个性化的综合体现。教育智慧在教育教学实践中主要表现为教师对于教育教学工作规律性的把握、创造性驾驭、深刻洞悉、敏锐反应及灵活机智应对的综合能力；站在教育哲学的高度，用理性的眼光和宏观的视野实现现实教育发展的需求和人类发展的目标，把握时代发展的趋势和教育发展的规律；实现教育思想的创新，创造性地构建起一个集人类教育智慧之大成的教育思想体系，促进人类自身更加完善，自由全面发展和社会的和谐优化，引导人类走向更加灿烂的明天。

（四）影响数学教师专业发展的因素

教师专业发展受着多种因素相互作用的影响，在不同的发展阶段，影响教师专业发展的因素各不相同。

1. 进入师范教育前的影响因素

教师幼年与学生时代的生活经历、主观经验以及人格特质等，对教师专业社会化有一定影响，但没有决定性的作用。不过，教师幼年与学生时代的重要他人（主要指父母和老师）对其教师职业理想的形成及教师职业的选择却有着重要的影响。青年的价值取向、教师社会地位与待遇的高低、个人的家庭经济状况等对教师任教意愿的形成、教师职业选择的影响也不容低估。

2. 师范教育阶段的影响因素

在师范教育阶段，教师专业发展同样受到多种因素的错综复杂的影响，虽然师范生专业知识与教育技能的获得有赖于专业科目、教育科目等职前教育计划安排的正式课程的学习，但这些正式课程，对教师专业发展的整体运行与目标达成并无显著影响。相反，由教师的形象、学生的角色、知识、专业化的发展以及教学环境、班级气氛、同辈团体、社团生活等多种因素交互作用形成的潜在课程的影响，要超过一般的预估或想象，其作用不容忽视。在师范院校期间，师范生的社会背景、人格特质，学校的教育设施、环境条件等都是影响师范生专业发展的主要因素。

3. 任教后的影响因素

教师任教后继续社会化的影响因素主要有学校环境、教师的社会地位、教师的生活环境、学生、教师的同辈团体等。在这一阶段，教师的生活环境更多地影响着教师的专业发展。教师的生活环境，大至时代背景、社会背景，小至社区环境、学校文化、课堂气氛等，对教师的专业发展有重要意义。教师正是在与周围环境的相互作用中获得专业发展的。

教师专业发展要受到教师个人的、社会的、学校的以及文化的等多个层面的多种因素的交互影响，而每一个因素在其专业发展的不同阶段又有不同的作用和效果，同时这些因素本身也在不断地发生变化，使其凸显多因性、多样性、与多变性等特征。

三、数学教师教学反思发展途径

信息化和学习型社会的到来，要求每一个人都要形成终身学习的观念，尤其是教师。教师职业和工作的性质决定了学习应成为教师的一种生活方式，应成为教师的一种生命状态。

教学反思是指数学教师将自己的教育教学活动作为认知的对象，对教育教学行为和过程进行批判的、有意识的分析与再认识，从而实现自身专业发展的过程。

反思是数学教师获取实践性知识、增强教育能力、生成教育智慧的有效途径，反思不只是对已经发生的事件或活动的简单回顾和再思考，而且是一个用新的理论重新认识自己的过程，是一个用社会的、他人的认识与自己的认识和行为做比较的过程，是一个不断寻求他人对自己认识、评价的过程，是一个站在他人的角度反过来认识、分析自己的过程，是一个在解构之后又重构的过程，是一个在重构的基础上进行更高水平的行动的过程。它不仅限于对教育教学实践活动的反思。

依据工作的对象、性质和特点，数学教师的反思主要包括课堂教学反思、专业水平反思、教育观念反思、学生发展反思、教育现象反思、人际关系反思、自我意识反思和个人成长反思。

每一种反思类型还可以再细分。譬如，课堂教学反思就还可以分为课堂教学技能与技术的有效性反思、教学策略与教学结果的反思、与教学有关的道德和伦理的规范性标准的反思等。如果按照课堂教学的时间进程，它还可以细分为课前反思、课中反思和课后反思等，数学教师应该让反思成为一种习惯。

1. 反思环节

数学教师通过在专业活动中特别是在对自己的教学进行全面反思的过程中，实现自己的专业发展。教学反思是一个循环过程，主要包括以下几个环节。

（1）理论学习

完全凭经验、没有理论支持的教学反思，只能是低水平上的反思，只有在适当的理论支持下的教学反思，才能真正促进数学教师的专业发展。在进行教学反思之前，必须要进行有关理论的学习，如教学反思的有关理论、教师专业发展的有关理论。关于这些理论的学习其实并非局限于在进行教学反思之前，在教学反思的整个过程中，都要进行相关理论的学习。

（2）对教学情境进行反思

教学反思是指教师将自己的教学活动和课堂情境作为认知的对象，对教学行为和教学过程进行批判的、有意识的分析与再认知的过程。反思要贯穿在整个教学过程中。数学教师对自己的教学活动进行反思，要从教学活动的成功之处、课堂上突然出现的灵感等去反思，也应当更多地去反思课堂上、教学活动中所发生的不当、失误之处，也要去反思自己教学活动的效果、采用的新方法会有什么不同的效果等。同时，还要在反思结束后，思考自己在这个过程中得到了什么，内在专业结构发生了哪些变化等。

（3）自我澄清

数学教师通过对教学活动的反思，特别是对教学活动中的一些失误或效果不理想的地方的反思，应能意识到一些关键问题之所在，并应尝试找出产生这些问题的原因。这个过程可以在专家、同伴教师的帮助下完成。自我澄清这个环节是“以教学反思促进教师专业发展”的核心环节。

（4）改进和创新

教师根据产生的问题及其产生的原因，尝试提出新的方法、方案。这个环节是对原来方法的改进和创新，通过改进和创新，教师的教学活动更趋科学、合理。

（5）新的尝试

数学教师把新的方法用于教学活动，这是一个新的行动，实际上也是一个新的循环的开始。新的尝试又需要学习新的理论，通过多次循环，最终实现数学教师的专业发展。

2. 反思方法

反思活动既可以独立地进行，也可以借助他人帮助更加自觉地进行。反思是以自身行为为考察对象的过程，需要借助一定的中介客体来实现，数学教师常用的反思方法有以下几种。

（1）反思日志

反思日志是数学教师将自己的课堂实践的某些方面，连同自己的体会和感受诉诸笔端，从而实现自我监控的最直接、最简易的方式。写反思日志可以使数学教师较为系统地回顾和分析自己的教育教学观念和行为，发现其中存在的问题，可以提出对相关问题的研究方案，并为更新观念、改进教育教学实践指明努力的方向。

反思日志的内容可以涉及有关实践主体（教师）方面的内容，有关实践客体（学生）方面的内容，或有关教学方法方面的内容。例如，对象分析，学生预备材料的掌握情况和对新学习内容的掌握情况；教材分析，应删减、调换、补充哪些内容；总体评价，包括教学特色、教学效果、教学困惑与改进方案。

反思日志没有严格的时间限制，可以每节课后写一点教学反思笔记，每周写一篇教学随笔，每月提供一个典型案例或一次公开课，每学期做一个课例或写一篇经验总结，每年提供一篇有一定质量的论文或研究报告，每五年写一份个人成长报告。反思日记的形式不拘一格，常见的形式主要有以下几种：

点评式，即在教案各个栏目相对应的地方，针对实施教学的实际情况，言简意赅地加以批注、评述。

提纲式，比较全面地评价教育教学实践中的成败得失，经过分析与综合，一一列出。

专项式，抓住教育教学过程存在的最突出的问题，进行实事求是的分析与总结，深入地认识与反思。

随笔式，把教育教学实践中最典型、最需要探讨的事件集中起来，对它们进行较为深入的剖析、研究、整理和提炼，写出自己的认识、感想和体会，形成完整的篇章。

（2）课堂教学现场录像、录音

仅仅对教学进行观察很难捕捉到课堂教学的每一个细节，这是由于课堂是一个复杂的环境，具有多层性、同时性、不可预测性等，许多事件会同时发生。对教师的课堂教学进行实录，不仅可以为数学教师提供更加真实详细的教学活动记录，捕捉教学过程的每一细节，而且教师还可以作为观摩者审视自己的教学，认识真实的自我或者隐性的自我，这有助于提高教学技能，改善教学行为。

课堂录音也比较简捷、实用，在课堂教学中，数学教师可以通过课堂录音来分析自己或者学生的有关语言现象，也可以对自己教学的某一方面进行细致的研究，教师通过对所收集数据的系统的、客观的、理性的反思，分析行为或现象的形成原因，探索合理的应对策略，从而使自己的教学更加有效。

（3）听取学生的意见

听取学生的意见，从学生的视角来看待自己，可以促使数学教师更好地认识和分析自己的教学。当教师在教学中不断听取学生意见的时候，可以使其对自己的教学有新的认识。征求学生的意见，遇到的最大障碍莫过于学生不愿说出自己的想法，教师可以从两方面解决这一问题：一方面可以采取匿名的方式征求意见；另一方面还需要努力创造一种平等的、相互尊重和信任的师生关系和课堂氛围，从而使学生产生安全感。听取学生的意见，还可以采取课堂调查表的方法。课堂调查表可以帮助教师较为准确地了解学生学习感受的有关信息，从而使教师的教育教学行为建立在对这些信息进行反思的基础上。

（4）与同事的协作和交流

同事作为教师反思自身教学的一面镜子，可以反映出日常教学的影像，例如，开放自己的课堂，邀请其他教师听课、评课、听自己说课，或者听其他教师的课。

说课是数学教师在备完课或者讲完课之后对自己处理教材内容的方式与理由做出说明，讲出自己解决问题的策略的活动。而这种策略的说明，也正是教师对自己处理教材方式方法的反思。

课后，和专家、同事一起评课，特别是边看自己的教学录像边评课，则更能看出自己在教学中的优缺点。

第五节　高等数学教学与应用思维能力的关系

一、命题与推理的教学

判断是肯定或否定思维的对象是否具有某种属性的一种思维形式。在数学中，表示判断的语句成为数学命题，因为判断可真可假，所以命题也可真可假。在数学中，根据已知概念和公理及已知的真命题，遵照逻辑规律运用逻辑推理方法推导得出的真实性命题成为定理。

所谓推理，是指由一个或几个已知的判断推导出一个或几个新命题的思维形式，是探求新结果，由已知得到未知的思维方法，在人们的认识过程和数学学习研究中有着巨大的作用。它不但可以使我们获得新的认识，也可以帮助我们论证或反驳某个论断。一个推理包含前提和结论两个部分，前提是推理的依据，它告诉我们已知的知识是什么；结论是推理的结果，即依据前提所推出的命题，它告诉我们推出的新知识是什么。众所周知，数学是一门论证科学，它的结论都是经过证明才得到肯定的，而证明便是由一系列推理构成的。在数学中，不论是定理的证明，公式的推导，还是习题的解答，以至于在实践中运用数学方法来解决问题，都需要用到逻辑推理。因此，正确掌握和运用逻辑推理，对于数学学习和提高学生的逻辑论证能力都是非常重要的。

数学中的推理有以下三种分类方法：

第一种，根据推出的知识的性质，推理分为或然性的推理和必然性的推理。如果推理得出的知识是或然性的——其真实性可能对也可能不对，这样的推理称为或然性推理；如果推理得出的知识真实可信，结论正确无误，这样的推理称为必然性推理，也称确实性推理。

第二种，根据推理所依据的前提是一个或多个而将推理划分为直接推理和间接推理。

第三种，根据推理过程的方向，将推理分为归纳推理、类比推理和演绎推理。以下分别就数学中最常见的归纳推理、演绎推理和类比推理予以论述。

1. 归纳推理

所谓归纳推理是从特殊事例中概括出一般的原理或方法的思维形式。简言之，归纳推理是由特殊到一般的推理。它从个别的、单一的事物的数与量的性质、特点和关系中，概括出一类事物的数与量的性质、特点和关系，并且由不太深刻的一般到更为深刻的一般，由范围不太大的类到范围更为广泛的类，在归纳过程中，认识从单一到特殊再到一般。总体来说，人们的认识过程是从观察和试验开始的，在观察和试验的基础上，人们的思维便逐步形成了抽象和概括。在把各个对象的特殊情形概括为一般性的认识过程中，便能建立起概念和判断，得出新的命题，在这个过程中离不开归纳推理。

归纳有三个方面的基本作用：首先，归纳是一种推理方法，从它可以由两个或几个单称判断或特称判断（前提）得出一个新的全称判断（结论）。其次，归纳是一种研究方法，当需要研究某一对象集（或某一现象）时，用它来研究各个对象（或各种情况），从中找出各个对象集所具有的性质（或者那个现象的各种情况）。最后，归纳还是一种教育学的方法。

人们为什么运用归纳推理能从个别事例归纳出一般性的结论呢？这是因为客观事物中，个别中包含一般，而一般又存在于个别之中，这样一来，同类事物必然存在相同的属性、关系和本质。世间一切现象的发生，并非都是毫无秩序、杂乱无章的，而是有规律的，这一规律性，就表现在各个现象的性质以及各过程的不断重复中，而这种重复性正好成为归纳推理的客观基础。

归纳推理可以分为完全归纳推理和不完全归纳推理：由于观察了某类中全体对象都具有某种属性，从而归纳得出该类也具有这种属性，这种推理称为完全归纳推理；如果由观察、研究某类中一些事物具有某种属性，就归纳出该类全体也具有这种属性，这种推理称为不完全归纳推理。

2. 演绎推理

所谓演绎推理是指根据一类事物都具有的一般属性、关系和本质来推断该类中个别事物所具有的属性、关系和本质的推理方法。简言之，它是从一般到特殊的推理。

演绎推理的典型形式是三段论式。在三段论式中，我们把关于一类事物的一般性判断称作大前提，把关于属于同类事物的某个具体事物的特殊判断称作小前提。把根据一般性判断和特殊判断而对该具体事物做出的新判断称作结论，这样一来，三段论式的结构通常就是由大前提、小前提和结论三部分构成。那么，三段论式推理便是这样一种推理过程：由大前提提供一个关于一类事物的一般性判断，由小前提提供一个关于某个具体事物的特殊判断，然后通过大前提与小前提之间的关系得出结论。三段论式中如果大前提和小前提都真实，则按照三段论式推出来的结论必定真实。因此，三段论式作为演绎推理是一种严谨的推理方法。它是数学中被广泛应用的一种推理方法。

3. 类比推理

所谓类比推理是指根据两个或两类对象有一部分属性相类似，推出这两个或两类对象的其他属性亦相类似的思维形式。简言之，类比推理是一种从特殊到特殊，从一般到一般的推理。物理学家开普勒说过：“我最珍视类比，它是我最可靠的老师。”这就道出了类比在科学中的作用和意义。

科学研究（包括数学学习）本身就是利用现有知识来认识未知对象以及对象未知方面的活动。人们在向未知领域探索的时候，常常把它们与已知领域作比较，找出它们与熟悉对象之间的共同点，再利用这些共同点作为桥梁去推测未知方面。人类的许多发明创造和某一学科的新概念、新体系的提出，开始往往是从相似的事物、对象的类比中得到启发并加以引申，深入下去获得成功的。

利用类比可以使我们获得新知识、新发现，也可以使我们在论证过程中增强说服力。对数学学习来说，类比确实可以帮助学生发现有意义的真命题。

况且类比推理常常成为联系着新旧知识的一种逻辑方法，所以它在数学的教与学中是常用的推理方法。如果学生养成了类比的习惯，掌握了一定的方法要领，思路就会变宽，思维就会活跃。因此，类比推理在数学学习中有着重要的意义，它是一种不可缺少的思维形式。

由于类比推理的客观根据只是对象间的类比性，类比性程度高，结论的可靠性程度就高；类比性程度低，结论的可靠性程度就低。对象间的类比可能是主要的、本质的、必然的，也可能是次要的、表象的、偶然的。如果对象间的共有属性是主要的、本质的、必然的，那么结论就是可靠的；如果对象间的共有属性是次要的、表象的、偶然的，那么推理属性就不一定可靠。因此类比推理的结论具有或然性质，可能正确也可能错误，要真正确认结论是否正确，还必须通过证明。所以类比推理不是论证，由类比推理得到的判断，只能作为猜想或假设。

类比法的形式比较简单，因此在数学发现中有着广泛的应用。比如，数与式之间，平面与空间之间，一元与多元之间，低次与高次之间，相等与不相等之间，有限与无限之间等，都可以类比。

定理是数学知识体系中的重要组成部分，也是后继知识的基础和前提，因此，定理教学是整个教学内容中的一个重要环节。在定理教学中应注意以下方面：

（1）要使学生了解定理的由来

数学定理是从现实世界的空间形式或数量关系中抽象出来的，一般来说，数学中的定理在现实世界中总能找到它的原型。在教学中，一般不要先提出定理的具体内容，而尽量先让学生通过对具体事物的观察、测量、计算等实践活动，来猜想定理的具体内容。对有些较抽象的定理，可以通过推理的方法来发现。这样做有利于学生对定理的理解。

（2）要使学生认识定理的结构

这就是说，要指导学生弄清定理的条件和结论，分析定理所涉及的有关概念、图形特征、符号意义，将定理的已知条件和求证准确而简练地表达出来，特别要指出定理的条件与结论的制约关系。

（3）要使学生掌握定理的证明思路

定理的证明是定理教学的重点，首先应让学生掌握证明的思路和方法。为此，在教学中应加强分析，把分析法和综合法结合起来使用。一些比较复杂的定理，可以先以分析法来寻求证明的思路，使学生了解证明方法的来龙去脉，然后用综合法来叙述证明的过程。叙述要注意连贯、完整、严谨。这样做，使学生对定理的理解，不仅知其然，而且知其所以然，有利于掌握和应用。如利用极限的 ε—N、ε—δ 定义去验证极限时采用的就是分析综合法。

（4）要使学生熟悉定理的应用

一般说来，学生是否理解了所讲的定理，要看他是否会应用定理。事实上，懂而不会应用的知识是不牢靠的，是极易遗忘的。只有在应用中加深理解，才能真正掌握，因此，应用所学定理去解答有关实际问题，是掌握定理的重要环节。在定理的教学中，一般可结合例题、习题教学，让学生动脑、动口、动笔，领会定理的适用范围，明确应用时的注意事项，把握应用定理所要解决问题的基本类型。

（5）指导学生整理定理的系统

数学的系统性很强，任何一个定理都处在一定的知识系统之中。要让学生弄清每个定理的地位和作用以及定理之间的内在联系，从而在整体上、全局上把握定理的全貌。因此，在定理教学过程中，应“瞻前顾后”，搞清每个定理在知识体系中的地位和作用，指导学生在每个阶段总结时，运用图示、表解等方法，把学过的定理进行系统地整理。

公式是一种特殊形式的数学命题。不少公式也是以定理的形式出现的，如微分公式、牛顿—莱布尼兹公式、傅立叶级数展开公式等，因此，如上所述的定理教学的要求，同样也适用于公式教学。由于公式还具有一些自身的特点，所以在公式的教学中，要重视公式的意义，掌握公式的推导；要阐明公式的由来，指导学生善于对公式进行变形和逆用；注意根据公式的外形和特点，指导学生记忆公式。如分部积分公式、向量叉积计算公式的记忆特征等。

此外，还应注意考虑以下若干问题：

①定理或公式的条件是什么，结论是什么，它是怎样得来的？

②定理或公式的结论是怎样证明的，证明的思路是怎样想到的，能不能用别的方法来证明，它和以前学过的某些定理、公式有何本质上的联系？

③定理或公式有什么特点，适用于解决哪些类型的问题？应用时有哪些注意事项？

④根据学生的实际情况，有时还可以适当加强或减弱定理的条件，看看能得到什么有益的结论。

二、数学中的矛盾概念与反例

美国数学家 B. R. 盖尔鲍姆与 J. M. H. 奥姆斯特德在《分析中的反例》一书中指出："数学由两个大类——证明和反例组成，而数学发现也是朝着两个主要的目标——提出证明和构造反例。"数学中的反例，是指出某个数学命题不成立的例子，是对某个不正确的判断的有力反驳。反例对于数学概念、定理或公式的深刻理解起着重要的作用，给学生留下的生动印象是难以磨灭的。正如《分析中的反例》的作者所言："一个数学问题用一个反例解决，给人的刺激犹如一出好的戏剧。"让人从中"得到享受和兴奋"。反例与特例或反驳、反设与反证、伪证在高等数学中随处可见，作为数学猜想、数学证明、数学解题时的一种补充和思维的工具，作为培养学生的创新思维意识是值得重视的一个方面。历史上最著名的反例之一是由德国数学家魏尔斯特拉斯于 1860 年构造的处处连续而又处处不可微的函数：

$$f(x) = \sum_{n=0}^{\infty} a^n \cos(b^n \pi x)$$

其中 b 为正奇数，$0 < a < 1$，且 $ab > 1 + \frac{3}{2}\pi$。

数学是一种智巧，要举出不同层次数学对象的反例需要一定的数学素养。寻求（或构造）反例的过程既需要数学知识与经验的积累，也需要发挥诸如观察与比较、联想与猜想、逻辑与直觉、逆推、反设、反证以及归纳、演绎、计算、构造等一系列辩证的互补的数学思想方法与技巧。作为反例与矛盾概念的教学，一般要掌握这样三点：第一，它是相对于数学概念与某个命题而言的；第二，它一个具体的实例，能够说明某一个问题；第三，它是一种思想方法，是指出纠正错误数学命题的一种有效方法。一个假命题从不同的侧面可以构造出很多反例，一个反例往往指明一个事例。当命题中有多个条件时，可能会产生多个反例。因为反例是相对于命题、判断而言的，所以我们对反例进行分类时，也应该从数学命题的不同结构以及条件、结论之间的关系中进行归纳与划分。常将数学中的反例划分为以下三种类型：

1. 基本型的反例

数学命题有四种基本形式：全称肯定判断、全称否定判断、特称肯定判断、特称否定判断。其中，一与四、二与三是两对矛盾关系的判断，符合这种矛盾关系的两个判断可以互相作为反例。如“所有连续函数都是可导函数”，这是一个全称肯定判断；其特称否定判断：“有连续函数 $f(x) = |x|$ 在 $x = 0$ 点不可导”，就是前者的反例。

2. 关于充分条件假言判断与必要条件假言判断的反例

充分条件的假言判断，是断定某事物情况是另一事物情况的充分条件的假言判断。可以表述为“有前者，必有后者”。但是“没有前者，不一定没有后者”，可以举反例“没有前者，却有后者”说明之。这种反例成为关于充分条件假言判断的反例。

3. 条件改变型反例

当数学命题的条件改变（增减或伸缩）时，结论不一定正确。为了说明这个事实所要举出的反例，称为条件改变型反例。这种方法在阐述一些数学基本理论时会经常使用。

从数学方法和教学角度看，反例在数学中的作用是不可忽视的，其作用可以概括为以下三个方面：

（1）发现原有理论的局限性，推动数学向前发展

数学在向前发展过程中，要同时做两方面的工作，一是发现原有理论的局限性；二是建立新的理论，并为新理论提供逻辑基础。而发现原有理论的局限性，除了生产与科学实验新的需求以外，很大程度上靠举反例来进行。特别在数学发展的转折时期，典型的反例推动着新理论的诞生，如收敛的连

续函数级数的和函数，当时连大数学家柯西都认为是连续的，后来却举出了反例，从而引出一致收敛的概念。狄利克雷函数在黎曼意义下不可积，却启发了不同于黎曼积分的新型积分——勒贝格积分的诞生。著名的希尔伯特 23 个数学问题，目前在已获部分解决或完全解决的一多半问题中，反例起到了重要的作用。数学史证明，对数学问题与数学猜想，能举出反例予以否定，与给出严格证明是同等重要的。

（2）澄清数学概念与定理，为数学的严谨性与科学性做出贡献

数学中的概念与定理有许多结构、条件结论十分复杂，使人们不容易理解。反例则可以使概念更加确切与清晰，把定理条件与结论之间的关系揭示得一清二楚。一个数学问题用一个反例予以解决，给人的刺激犹如一出好的戏剧，使人终生难忘。

（3）数学中注意适当引用反例，能帮助学生加深对数学知识的理解与掌握，提高数学修养

数学是一门严密的抽象的思维科学，它有自己独特的思维方法，不能凭直观或想当然去理解它，否则往往会“差之毫厘，失之千里”。因此，在数学教学中，让学生掌握严密的逻辑推理和各种思维方法的同时，学会举反例亦十分重要。特别在概念与定理的教学中，构造出巧妙的反例，能使概念与定理变得简洁明了，容易掌握。在习题训练的教学中，举反例是反驳与纠正错误的有效办法，是学生进行创造性学习的有力武器。

三、数学思维与数学思想方法

学习数学，不仅要掌握数学的基本概念、基本知识和重要理论，而且要注重培养数学思想，提高数学能力和数学素养。数学教学的效果和质量，不仅表现为学生深刻而熟练地掌握总的数学学科的基础知识，形成一定的基本技能，而且表现为通过教学发展学生的数学思维并提高能力。

在数学的教学过程中，经常采用的思维过程有：分析—综合过程，归纳—演绎过程，特殊—概括过程，具体—抽象过程，猜测—搜索过程，并且还会充分运用概念、判断、推理等思维形式。从思维的内容来看，数学思维

有三种基本类型：一是确定型思维，二是随机型思维，三是模糊型思维。所谓确定型思维，就是反映事物变化服从确定的因果联系的一种思维方式，这种思维的特点是事物变化的运动状态必然是前面运动变化状态的逻辑结果。所谓随机型思维，就是反映随机现象统计规律的一种思维方式。具体一点来说，就是事物的发展变化往往有几种不同的可能性，究竟出现哪一种结果完全是偶然的、随机的，但是某一种指定结果出现的可能性则是服从一定规律的。就是说，当随机现象由大量成员组成，或者成员虽然不多，但出现次数很多的时候就可以显示某种统计平均规律。这种统计规律在人们头脑中的反映就是随机型思维。确定型思维和随机型思维，虽然有着不同的特点，但它们都是以普通集合论为其理论基础的，都可以分明地精确地进行刻画，但是在客观现实中还有一类现象，其内涵、外延往往是不明确的，常常呈现“亦此亦彼”性。为了描述此类现象，人们只好使用模糊集论的数学语言去描述，用模糊数学概念去刻画。从而创造了对复杂模糊系统进行定量描述和处理的数学方法。这种从定量角度去反映模糊系统规律的思维方式就是模糊型数学思维。上述三种思维类型是人们对必然现象、偶然现象和模糊现象进行逻辑描述或统计描述或模糊评判的不可缺少的思维方法。

数学思维的方式，可以按不同的标准进行分类。按思维的指向是沿着单一方向还是多方向进行，可以划分为集中思维（又叫收敛思维）与发散思维；根据思维是否以每前进一步都有充足理由为其保证而进行，可以划分为逻辑思维与直觉思维；根据思维是依靠对象的表征形象或是抽取同类事物的共同本质特性而进行，可以划分为形象思维与抽象思维。现在有人又根据思维的结果有无创新，将其划分为创造性思维与再现性思维。

（一）集中思维和发散思维

集中思维是指从同一来源材料探求一个正确答案的思维过程，思维方向集中于同一方向。在数学学习中，集中思维表现为严格按照定义、定理、公式、法则等，使思维朝着一个方向聚敛前进，使思维规范化。

发散思维是指从同一来源材料探求不同答案的思维过程，思维方向发散于不同的方面。在数学学习中，发散思维表现为依据定义、定理、公式和已知条件，思维朝着各种可能的方向扩散前进，不局限于既定的模式，从不同的角度寻找解决问题的各种可能的途径。

集中思维与发散思维既有区别，又是紧密相连不可分割的。例如，在解决数学问题的过程中，解答者希望迅速确定解题方案，找出最佳答案，一般表现为集中思维；他首先要弄清题目的条件和结论，而在这个过程中就会有大量的联想产生出来，这表现为发散思维；接下来他若想到有几种可能的解决问题的途径，这仍表现为发散思维；然后他对一个或几个可能的途径加以检验，直到找出正确答案为止，这又表现为集中思维。由此可见，在解决问题的过程中，集中思维与发散思维往往是交替出现的。当然，根据问题的性质和难易程度，有时集中思维占主导地位，有时发散思维占主导地位。通常，在探求解题方案时，发散思维相对突出，而在解题方案确定以后，在具体实施解题方案时，集中思维相对突出。

（二）逻辑思维与直觉思维

逻辑思维是指按照逻辑的规律、方法和形式，有步骤、有根据地从已知的知识和条件推导出新结论的思维形式。在数学学习中，这是经常运用的，所以学习数学十分有利于发展学生的逻辑思维能力。直觉思维是未经过一步步分析推证，没有清晰的思考步骤，而对问题突然间的领悟、理解得出答案的思维形式。通常把预感、猜想、假设、灵感等都看作直觉思维。亚里士多德曾说过："灵感就是在微不足道的时间里通过猜测而抓住事物本质的联系。"布鲁纳说："在数学中直觉概念是从两种不同的意义上来使用的：一方面，说某人是直觉的思维者，意即他花了许多时间做一道题目，突然间做出来了，但是还须为答案提供形式证明。另一方面，说某人是具有良好直觉能力的数学家，意即当别人向他提问时，他能够迅速做出很好的猜想，判定某事物是不是这样，或说出在几种解题方法中哪一种有效。"直觉思维往往表现在长久沉思后的"顿悟"，它具有下意识性和偶然性。没有明显的根据与思索的步骤，而是直接把握事物的整体，洞察问题的实质，跳跃式地突如其来地迅速指出结论，而很难陈述思维的出现过程。

布鲁纳在分析直觉思维不同于分析思维（即逻辑思维）的特点时，指出："分析思维的特点是其每个具体步骤均表达得很清晰，思考者可以把这些步骤向他人叙述。进行这种思维时，思考者往往相对地完全意识到其思维的内容和思维的过程。与分析思维相反，直觉思维的特点却是缺少清晰的确定步骤，它倾向于首先就在对整个问题的理解的基础上进行思维，人们获得答案（这个答案可能对或错）而意识不到他赖以求得答案的过程（假如一般来讲这个过程存在的话）。通常，直觉思维基于对该领域的基础知识及其结构的了解，正是这一点才使得一个人能以飞跃、迅速越级和放过个别细节的方式进行直觉思维；这些特点需要用分析的手段——归纳和演绎——对所得的结论加以检验。"直觉思维在解决问题中有重要的作用，许多数学问题，都是先从数与形的直觉感知中得到某种猜想，然后进行逻辑证明的。因此，培养学生的直觉思维与逻辑思维不能偏废，应该很好结合起来。

（三）抽象思维与形象思维

形象思维是指通过客体的直观形象反映数学对象"纯粹的量"的本质和规律性的关系的思维。因此形象思维是与客体的直观形象密切联系和相互作用的一种思维方式。

数学形象性材料，具有直观性、形象概括性、可变换性和形象独创性（主要表现为几何直觉），而与数学抽象性材料（如概念、理论）不同。所以抽象思维所提供的是关于数学的概念和判断，而形象思维所提供的却是各种数学想象、联想与观念形象。在数学教育中，一直是抽象逻辑思维占统治地位，难道形象思维在教学中就不能为自己争得一席之地吗？其实不然。那么，形象思维的科学价值和教育意义又何在呢？

1. 图形语言和几何直观为发展数学科学提供了丰富的源泉

数学科学发展的历史告诉人们，许多数学科学概念脱离不开图形语言（尤其是几何图形语言），许多数学科学观念的形成也都是由借助图形形象而触发人的直觉才促成的。如证明拉格朗日微分中值定理时所构造的辅助函数，无疑受几何图形的启示。

在现代数学中经常出现几何图形语言的原因，不仅仅是由于有众多的数学分支是以几何形象为模型抽象出来的，而且由于图像语言是与概念的形成紧密相连的。代数和分析数学中经常出现几何图形语言，显示了在某种意义上，几何形象的直觉渗透到一切数学中。为什么像希尔伯特空间的内积和测度论的测度这样一些十分抽象的概念，在它们的形成和对它们的理解过程中，图形形象仍然保持其应有的活力呢？显然，这是因为图形语言所能启示的东西是很重要的、直观的和形象有趣的。

2. 图形语言弥补了口述、文字、式子语言的不足，能处理一些其他语言形式无法表达的现象和思维过程

正像符号语言由于文字符号参加运算使数学思维过程变得简单一样，数学图形语言具有直观、形象，易于触发几何直觉等特点和优点。如计算积分时，先画出积分区域，对选择积分顺序是十分有益的。学生学会用图形语言来进行思考，同会用符号语言来进行思考一样，对人类的发展进步都是极为重要的。

3. 图形语言具有直观形象的特点，有利于发展形象思维

发展符号语言有利于抽象思维的发展，发展图形语言却有利于形象思维的发展。

4. 视觉形象、经验形象和观念形象有助于人们思考问题

例如，学生在学习数学的过程中，尤其在解题时，这种形象往往浮现在眼前，活跃在脑海中，用于搜寻有用的信息，激活解题思路。对于典型解法、解题经验等形象有时虽然时隔已久，但只要能被利用，这种形象便会复活起来，跃然纸上。不仅如此，学生学习数学时，还常常表现出一种趣向：对抽象的数学概念总喜欢从几何上给出形象说明，即几何意义，有时即便是纯代数问题，也会唤起他们的几何形象。

综上所述，形象思维不仅对数学科学有很高的科学价值，而且对培养教育人才具有十分重要的意义。

数学思想是指对数学活动的基本观点，泛指某些具有重大意义、内容比较丰富、思想比较深刻的数学成果或者是指数学科学及其认识过程中处理数学问题时的基本观念、观点、意识与指向。数学方法是在数学思想指导下，为数学活动提供思路和手段及具体操作原则的方法。二者具有相对性，即许多数学思想同时也是数学方法。虽然有些数学方法不能称为数学思想，但大范围内的数学方法也可以是小范围内的数学思想。大家知道，数学知识是数学活动的结果，它借助文字、图形、语言、符号等工具，具有一定的表现形式。数学思想方法则是数学知识发生过程的提炼、抽象、概括和升华，是对数学规律更一般的认识，它蕴藏在数学知识之中，需要学习者去挖掘。

在高等数学中，基本的数学思想有：变换思想、字母代数思想、集合与映射思想、方程思想、因果思想、递推思想、极限思想、参数思想等。基本的数学方法，除了一般的科学方法——观察与实验、类比与联想、分析与综合、归纳与演绎、一般与特殊等，还有具有数学学科特点的具体方法——配方法、换元法、数形结合法、待定系数法、解析法、向量法、参数法等。这些思想方法相互联系、沟通、渗透、补充，将整个数学内容构成一个有机的、和谐统一的整体。

（四）数学思想方法的学习

数学思想方法的学习，贯穿于数学学习的始终。某一种思想方法的领会和掌握，需经较长时间、不同内容的学习过程，往往不能靠几次课就能奏效。它既要通过教师长期、有意识、有目的地启发诱导，又要靠学生自己不断体会、挖掘、领悟、深化。数学思想方法的学习和掌握一般经过三个阶段：

1. 数学思想方法学习的潜意识阶段

数学教学内容始终反映着两条线，即数学基础知识和数学思想方法。数学教材的每一章节乃至每一道题，都体现着这两条线的有机结合，这是因为没有脱离数学知识的数学思想方法，也没有不包含数学思想方法的数学知识。在数学课上，学生往往只注意了数学知识的学习，注意了知识的增长，而未曾注意联想这些知识的观点以及由此出发产生的解决问题的方法与策略。即使有所觉察，也是处于“朦朦胧胧”“似有所悟”的境界。例如，学生在学习定积分概念时，虽已接触“元素法”的思想：以直线代替曲线、以常量代替变量，但尚属于无意识接受的状态，知其然不知其所以然。

2. 数学思想方法学习的明朗化阶段

在学生接触过较多的数学问题之后，数学思想方法的学习逐渐过渡到明朗期，即学生对数学思想方法的认识已经明朗，开始理解解题过程中所使用的探索方法与策略，并能概括、总结出来。当然，这也是在教师的有意识的启示下逐渐形成的。

3. 数学思想方法学习的深刻化阶段

数学思想方法学习的进一步要求是对它深入理解与初步应用。这就要求学习者能够依据题意，恰当运用某种思想方法进行探索，以求得问题解决。实际上，数学思想方法学习的深化阶段是进一步学习数学思想方法的阶段，也是实际应用思想方法的阶段。通过这一阶段的学习，学习者基本上掌握了数学思想方法，达到了继续深入学习的目的。在“深化期”，学习者将接触探索性问题的综合题，通过解这类数学题，掌握寻求解题思路的一些探索方法。

四、数学能力的培养与发展

能力往往是指一个人迅速、成功地完成某种活动的个性特征。而数学能力是指一个人迅速、成功地完成数学活动（数学学习、数学研究、数学问题解决）的一种个性特征。数学能力从活动水平上可以分为“再造性”数学能力和“创造性”数学能力。所谓再造性数学能力是指迅速而顺利地掌握知识、形成技能和灵活运用知识、技能的能力。这通常表现为学生学习数学的能力。所谓创造性数学能力是指在数学研究活动中，发现数学新事实、创造新成果的能力。显然，这两种能力既有联系又有区别。一般来说，再造性数学能力并不等于创造性数学能力，但创造性数学能力的提高需要以再造性数学能力为基础。因此，对高等数学教学来说，再造性数学能力当然是重要的，因为它是创造性数学能力的基础，但创造性数学能力的培养也不可轻视。

数学能力从结构上可以分为：数学观察能力、数学记忆能力、逻辑思维能力、空间想象能力。有人也将运算能力和解题能力归入其中，本书仅对前三种能力给予讨论。

（一）数学观察能力

观察是一种有目的、有计划、持久的知觉活动。数学观察能力，主要表现在能迅速抓住事物的“数”和“形”这一侧面，找出或发现具有数学意义的关系与特征；从所给数学材料的形式和结构中正确、迅速地辨认出或分离出某些对解决问题有效的成分与“有数学意义的结构”。数学观察能力是学生学习数学活动中的一种重要智力表现，如果学生不能主动地从各种数学材料中最大限度地获得对掌握数学有用的信息，要想学好数学将是困难的。为了有效地发展学生的数学观察能力，数学教学除了注意培养学生观察的目的性、持久性、精确性和概括性外，还必须注意引导学生从具体事实中解脱出来，把注意力集中到感知数量之间的纯粹关系上。

（二）数学记忆能力

所谓记忆，就是过去发生过的事情在人的头脑中的反映，是过去感知过和经历过的事物在人的头脑中留下的痕迹。数学记忆虽与一般记忆一样，经历识记、保持、再认与回忆三个基本阶段，但仍具有自身的特性。首先，从记忆的对象来看，它所识记的是通过抽象概括后用数学语言符号表示的概念、原理、方法等的数学规律和推证模式与解题方法，完全脱离了具体内容，具有高度的抽象性与概括性。其次，要把识记的数学知识、思想方法保持下来，能随时提取与应用，就必须理解用数学语言符号所表示的数学内容与意义，否则就难以保持、巩固，更不可能用它来解决问题。最后，数学记忆具有选择性与组织性，即把所学数学知识进行思维加工，精练、概括有关的信息，略去多余的信息，提炼出知识的核心成分，分层次组成一个知识系统，以便于保持与应用。数学记忆能力就是指记忆抽象概括的数学规律、形式结构、知识系统、推证模式和解题方法的能力。

因此，数学记忆的本质在于，对典型的推理和运算模式的概括的记忆。正像俄罗斯数学家波尔托夫所指出的：“一个数学家没有必要在他的记忆中保持一个定理的全部证明，他只需记住起点和终点以及关于证明的思路。”

（三）逻辑思维能力

逻辑思维是在感性认识的基础上，运用概念、判断、推理等形式对客观世界的间接的、概括的反映过程。它包括形式思维和辩证思维两种形态。形式思维是从抽象同一性，相对静止和质的稳定性等方面去反映事物的；辩证思维则是从运动、变化和发展上来认识事物的。在数学发现中，既需要形式思维，也需要辩证思维，二者是相辅相成的。因为数学是一门逻辑性很强、逻辑因素十分丰富的科学，因此，一般来说，数学对发展学生的逻辑思维能力起着特殊的重要作用，这是因为在学习数学时一定要进行各种逻辑训练。

数学教学，所谓教，从根本上来说，就是教学生学会思维。而教会学生思维，重要的是教会推理，因为推理能力是思维能力的核心。教会学生懂得什么叫"推理论证"不是一件轻而易举的事情，这种能力的形成不仅贯穿在整个教学过程中，而且尤其集中体现在解题教学中。因为，实践证明解题是发展学生思维和提高他们的数学能力的最有效的途径之一。逻辑思维能力主要包括分析与综合能力、概括与抽象能力、判断与推理能力和空间想象能力。下面我们就来分别阐述这几种能力：

1. 分析与综合能力

在数学中，所谓分析，就是指由结果追溯到产生这一结果的原因的一种思维方法。用分析法分析数学问题时，经常是将需要证明的命题的结论本身作为论证的出发点，通过逻辑证明的步骤，把这个命题归结为已知的真命题。所谓综合，就是指从原因推导到由原因产生的结果的一种思维方法。用综合法证明数学问题时，一般是先找出适当的真命题（通过分析法来找），按照逻辑论证的步骤，逐步将这个真命题变形到我们需要证明的结论上去。

人们在思考实际问题的过程中，分析与综合往往是结合起来使用的，分析中有综合，综合中也有分析。不过在证明数学问题时，一般先用分析法来分析论题，找出使结论成立的必要条件，然后用综合法进行表述，同时证明条件是充分的，从而完成了证明。这样便为人们证明问题提供了一个完整的思考问题的过程。如果这种分析—综合机能，以一定的结构形式在一个人身上固定下来，形成一种持久的、稳定的个性特征，这便是分析—综合能力。利用极限定义验证极限时所采用的方法就充分体现了这种能力；再如论述的微分概念的教学方法模式，也非常有助于分析与综合能力的提高。在数学学习中这是一种基本而又十分重要的能力。分析与综合有着很高的科学价值和认识价值，因为分析是通向发现之路，而综合是通向论证之路。

2. 概括与抽象能力

所谓概括，就是指摆脱具体内容，并且在各种对象、关系运算的结构中，抽取出相似的、一般的和本质的东西的思维过程。人们在对数学对象进行概括时，一方面必须注意发现数学对象之间相似的情境，另一方面必须掌握解法的概括化类型和证明或论证的概括化模式。如果这种概括技能以某种结构形式在一个人身上固定下来，形成一种持久的、稳定的个性特征，这就是概括能力。概括能力一般表现为两点：一是从特殊的和具体的事物中，发现某些一般的，他已经知道的东西的能力，也就是把个别特例纳入一个已知的一般概念的能力；二是从孤立的和特殊的事物中看出某些一般的，尚未了解的东西的能力，也就是从一些特例推演出一般，并形成一般概念的能力。

所谓抽象，就是在头脑中舍弃所研究对象的某些非本质的特征，揭示其本质特征的思维过程。抽象是以一般的形式反映现实，从而是对客观现实的间接的、媒介的再现。对感觉的经验与实践所得到的映像，进行抽象的思考，经过这样的过程得到的认识，却比直接的感性经验更深刻、更正确地反映现实。

抽象反映在思维过程中表现为善于概括归纳，逻辑抽象性强，善于抓住事物的本质，开展系统的理性活动。如果这种抽象的机能以一定的结构形式在个体身上固定下来，形成一种持久的、稳定的个性特征，这就是抽象能力。

从一定意义上来讲，概括和抽象是数学的本质特征，数学思维主要是概括和抽象思维。因为数学是最抽象的科学，数学全部内容都具有抽象的特征，不仅数学概念是抽象的、思辨的，就连数学方法也是抽象的、思辨的。从具体材料中，即从数、已知图形、已知关系中进行抽象的能力是一项重要的数学能力。我们必须运用抽象思维来学习数学，同时在学习数学的过程中培养和提高抽象思维的能力。

3. 判断与推理能力

所谓判断，就是反映对象本身及其某些属性和联系存在或不存在的思维形式。数学中的判断，通常称为命题。数学命题是反映概念之间的逻辑关系的。掌握命题的结构、命题的基本形式及其关系，以及数学命题中充分条件和必要条件等都是数学判断的基本内容。在思维中，概念不是毫无关联地堆积在一起的，而是以一定的方式彼此联系着的。判断是概念相互联系的形式。每一个判断中都确定了几个概念之间的某种联系或关系，而且判断本身就肯定这些概念所包含的对象之间存在联系和关系。如果这种判断机能以某种结构形式在个体身上固定下来，形成一种持久的、稳定的个性特征，这就是判断能力。

所谓推理，就是由一个或几个判断推出另一个新的判断的思维过程。思维之所以得以实现概括地、间接地认识过程，主要是由于有推理过程存在。在数学中，提出问题、明确问题、提出假设、检验假设，这一系列思维过程的完成，主要也是依靠了逻辑推理。

数学中的正确推理要求前提真实，并且遵循逻辑规则来正确运用推理形式，以得出真实的结论。根据已经建立的概念及已经承认的真命题，遵循逻辑规律并运用正确逻辑推理方法来证明命题的真实性，是探索数学新事实和学习数学的重要的思维过程。如果这种推理的机能以一定的结构形式在个体身上固定下来，形成一种持久的、稳定的个性特征，这就是推理能力。在数学中，不论是定理的证明、公式的推导、习题的解答，还是在实际工作中与数学有关的问题的提炼与解决，都需要逻辑推理能力。

4. 空间想象能力

空间想象能力，是指人们对于客观存在着的空间形式，即物体的形态、结构、大小、位置关系，进行观察、分析、抽象、概括，在头脑中形成反映客观事物的形象和图形，正确判断空间元素之间的位置关系和度量关系的能力。在数学中，空间想象能力体现为在头脑中从复杂的图形中区分基本图形，分析基本图形的基本元素之间的度量关系和位置关系（垂直、平行、从属及其基本变化关系等）的能力；借助图形来反映并思考客观事物的空间形状和位置关系的能力；借助图形来反映并思考用语言或式子来表达空间形状和位置关系的能力。空间形状和位置关系的直观想象能力在数学中是基本的、重要的，对学生来说，这种能力的形成也是较为困难的。

在数学教学中，培养学生的空间想象能力，主要有以下几方面的要求：

第一，能想象出几何概念的实物原型。第二，熟悉基本的几何图形，能正确地画图，在头脑中分析基本图形的基本元素之间的位置关系和度量关系，并能从复杂的图形中分解出基本图形。第三，对于客观存在着的空间模型，能在头脑中正确地反映出来，形成空间观念。第四，能借助图形来反映并思考客观事物的空间形状及位置关系。第五，能借助图形来反映并思考用语言或式子所表达的空间形状及位置关系。

发展和提高学生的数学能力，是数学教育目标的一个重要组成部分，这是因为在科学技术迅猛发展、知识更新加剧的现代社会，学生在校学习掌握的知识技能不可能一劳永逸地满足其一生工作的需要，所以学校的教育要授人以“渔”，要“教会学生如何学习，培养学生自主学习的能力”。

第三章　高等数学教学中的创造思维能力培养

数学教学的重要目的在于培养学生的数学思维能力，而思维能力往往反映在通常所说的思维品质上，它是数学思维结构中的重要部分。思维品质是评价和衡量学生思维优劣的重要标志，因此在数学学习中要重视对学生良好创造思维能力品质的培养。

第一节　高等数学创造性思维形式培养

一、直觉思维

著名的物理学家爱因斯坦曾说过："我相信直觉和灵感。"人们在思维过程中，有时会在脑海中突然闪现出某些新思想、新观念和新办法。比如，突然在思想上产生出经过长期思考而没有得到解决的问题的办法，发现了一直没有发现的答案；突然从纷繁复杂的现象中顿悟了事情的实质。这种突然"闪现""突然产生""突然顿悟"就是直觉。人们认识过程中的这种特殊的认识方式就叫作直觉思维。直觉思维的形式不是以一次前进一步为特征的，而是突然认知的，是顿悟的形式，是飞跃的认识过程。例如，数学家高斯在谈到一个证明了数年而未能解决的问题时说："终于在两天以前我成功了……像闪电一样，谜一下子解开了。我自己也说不清楚是什么导线把我原先的知识和使我成功的东西连接起来。"尽管直觉思维常常表现为"突然""顿悟"的形式，但直觉思维也是基于过去的经验和教育的结果。直觉是某种外部刺激所带来的联想，是神经联系的重新组合和认识思维结构上的突破与更新。正是这个原因才使得一个人能以飞跃、迅速、越级和放过个别细节的方式进行思维，从而使他在思想中激起和释放出某些新思想、新观念和新办法。直觉在教学过程中也是客观存在的，并且有其特点，研究这些特点，对发展学生的直觉思维，促进其创造性思维能力的发展是有重要意义的。受到其他事物的启发是捕捉直觉的一条重要途径。

利用具有启发作用的事物和所要思考的对象的某些相似之处，进行“类比”“联想”和“迁移”有助于触发学生的直觉思维。

随着科学由经验时期发展到理性时期，直觉在科学认识活动中的作用越来越引起人们的关注。庞加莱曾经指出：“逻辑是证明的工具，直觉是发明的工具。”“逻辑可以告诉我们走这条路或那条路保证不遇见任何障碍，但是它不能告诉我们哪一条道路能引导我们到达目的地。为此，必须从远处瞭望目标，引导我们瞭望的本领是直觉。没有直觉，数学家就像某些作家一样，只是按语法写诗，但是毫无思想。爱因斯坦认为直觉是科学家真正可贵的因素，他写道：“物理学家的最高使命是要得到那些普遍的基本定律，由此世界体系就能用单纯的演绎法建立起来。要通向这些定律，并没有逻辑的道路；只有通过那种以对经验的共鸣的理解为依据的直觉，才能得到这些定律。”

大量科学史实证明，庞加莱和爱因斯坦的论断是正确的，直觉有着逻辑思维所不能替代的特殊作用。概括地说，这种特殊作用主要表现在以下几个方面：

首先，在科学认识活动中，科学家常常依靠直觉进行辨别、选择，找到解决问题的正确道路或最佳方案。阿达玛指出：“构造各种各样的思想的组合仅仅是发明创造的初步。正如我们所注意到的，也正如庞加莱所说的，发明创造就是排除那些无用的组合，保留那些有用的组合，而有用的组合仅仅是极少数。因此我们可以说，“发明就是辨别，就是选择”。人们在尝试解决复杂的科学问题时，大都预先要遇到多种可能的思路，究竟先选择哪条思路？暂时搁置或放弃哪条思路？单凭逻辑思维或形象思维往往难以解决，在不少情况下需要借助直觉的力量，凭借直觉去辨别、去选择。

其次，在科学认识活动中，科学家常常凭借直觉启发思路，发现新的概念、新的方法和新的思想。科学发展的历史表明，许多重大的科学发现，既不是从以前的知识中通过严格的逻辑推理得到的，也不是在经验材料的简单总结、归纳中形成的。科学家在解决问题的逻辑通道受到阻塞时，常常凭借直觉从大量复杂的经验材料中，直接得出结论，得到新的发现。

直觉的这种启发思路，寓于创造的作用，还表现在数学计算上。费洛尔在给梅比乌斯的信中写道："当有人给我出一道题目时，即使是很困难的题目，答案也会立即出现在我的直觉中。我当时根本不知道自己是怎么得到这一答案的，只有在事后，我才去回想我是如何得到这个答案的。而且这种直觉从来没有发生过错误，甚至还会随着需要而越来越丰富，所以只凭直觉足以对付这些计算。甚至我还有这样一种感觉，似乎有一个人站在我身旁，悄悄地告诉我求得这些结果的正确方法。但这些人是如何来到我身边的，我却一无所知，若让我自己去找他们的话，那肯定是找不到的。""我经常感到，特别是当我单独一个人时，我自己好像是在另一个世界上，有关数学的思想几乎是活的，那些算题的答案也是突然之间跳到我眼前来的。"这就表明，直觉对于计算也有不可忽视的创造性功能。

最后，在科学认识活动中，科学家常常利用直觉获得猜想（公理或假说），然后演绎地推出若干定理，建立科学理论体系。众所周知，形成科学理论有两条基本途径：一是以逻辑方法为主的逻辑通道；二是以直觉为主的非逻辑通道。在现代科学发现中，科学家常常采用非逻辑的通道。对此，爱因斯坦认为，由经验事实上升到理论体系的公理，没有逻辑通道可言，主要依靠思维的自由创造。

二、猜想思维

猜想是对研究的对象或问题进行观察、实验、分析、比较、联想、类比、归纳等，依据已有的材料和知识作出符合一定经验与事实的推测性想象的思维形式。猜想是一种合情推理，属于综合程度较高且带有一定直觉性的高级认识过程。对于数学研究或者发现学习来说，猜想方法是一种重要的基本思维方法。正如波利亚所说："在你证明一个数学定理之前，你必须猜想到这个定理，在你弄清楚证明细节之前，你必须猜想出证明的主导思想。”因此，研究猜想的规律和方法，对于培养能力、开发智力、发展思维有着重要的意义。

数学猜想是在数学证明之前构想数学命题的思维过程。数学事实首先是被猜想，然后是被证实。那么构想或推测的思维活动的本质是什么呢？从其主要倾向来说，它是一种创造性的形象特征推理。就是说，猜想的形成是对研究的对象或问题，联系已有知识与经验进行形象的分解、选择、加工、改造的整合过程。黎曼关于函数 $\xi(z)=\sum_{n=1}^{\infty}\frac{1}{n^{z}}$（其中 $z=x+iy$）零点分布的猜想；希尔伯特 23 个问题中提出的假设或猜想等都是数学猜想的著名例子。这些猜想有些是正确的，有些是不正确的或不可能的问题，它们已被数学家所证明或否定或加以改进；有些则至今仍未得到解决。但是所有这些猜想或问题吸引了无数优秀的数学家去研究，成为推动数学发展的强大动力。

数学猜想和数学证明是数学学习和研究中的两个相辅相成、互相联系的方面。波利亚提出，在数学教学中“必须两样都教”，即既要使学生掌握论证推理，也要使他们懂得合情推理。“会区别有效的论证与无效的尝试，会区别证明与猜想”“区别更合理的猜想与较不合理的猜想”。因此，掌握数学猜想的一些基本方法是数学教学中应予以加强的一项重要工作。

严格意义上的数学猜想是指数学新知识发现过程中形成的猜想。例如，非欧几何产生过程中的有关猜想以及上面谈到的一些猜想例子都属于这一类。但是这些猜想并不能在短时间内形成，它们实际上来源于广义的数学猜想，即在数学学习或解决数学问题时展开的尝试和探索，是关于解题的主导思想、方法以及答案的形式、范围、数值等的猜测。不仅包括对问题结论整体的猜想，也包括对某一局部情形或环节的猜想。在这种意义上，数学猜想的一些基本形式是：类比性猜想、归纳性猜想、探索性猜想、仿造性猜想及审美性猜想等。它们同时反映了数学猜想的一些基本方法。

类比性猜想是指运用类比方法，通过比较两个对象或问题的相似性，得出数学新命题或新方法的猜想。常见的类比猜想方法有形象类比、形式类比、实质类比、相似类比、关系类比、方法类比、有限与无限的类比、个别到一般的类比、低维到高维的类比等。

归纳性猜想是指运用不完全归纳法，对研究对象或问题以一定数量的个例、特例进行观察、分析，从而得出有关命题的形式、结论或方法的猜想。

探索性猜想是指运用尝试探索法，依据已有知识和经验，对研究的对象或问题作出的逼近结论的方向性或局部性的猜想，也可对数学问题变换条件，或者作出分解，进行逐级猜想。探索性猜想是一种需要按照探索分析的深入程度加以修改而逐步增强其可靠性或合理性的猜测。探索性猜想与探索性演绎是相互交叉前进的。当一个问题的结论或证明方法没有明确表达的猜想时，我们可以先给出探索性猜想，再用探索性演绎来验证或改进这个猜想；在已有明确表达的猜想时，则可用探索性演绎来确定它们的真或假。

仿造性猜想是指由于受到物理学、生物学或其他科学中有关的客观事物、模型或方法的启示，依据它们与数学对象或问题之间的相似性作出的有关数学规律或方法的猜想。因此，模拟方法是形成仿造性猜想的主要方法。例如，由物理学的表面张力实验猜想等周问题的极值；从光的反射规律猜想数学中有关最短线的解答；从力的分解与合成猜想有关图形的几何性质；由抛射运动来猜想和解决有关抛物线的几何性质等都是仿造性猜想的典型事例。

审美性猜想是运用数学美的思想——简单性、对称性、相似性、和谐性、奇异性等，对研究的对象或问题的特点，结合已有知识与经验通过直观想象或审美直觉，或逆向思维与悖向思维所作出的猜想。例如，困难的问题可能存在简单的解答；对称的条件能够导致对称的结论以及可能运用对称变换的方法去求解，如奇函数在对称区域上的积分为零；相似的对象具有相似的因素或相似的性质。导数、定积分的本质都是极限，因此它们的一些运算法则与极限运算法则相同；和谐或奇异的构思有助于问题的明朗或简化等均属此列。审美性猜想也与其他猜想一样，可以根据具体情况猜想出问题的结论或者问题的解法等。

三、灵感思维

著名科学家钱学森教授认为：“所谓灵感，恐怕是人脑有那么一部分对于这些信息进行了再加工，但是人并没有意识到。”有人认为：灵感是直觉思维的另一种形式，它表现为人们对长期探索而未能解决的问题的一种突然性领悟，也就是对问题百思不得其解时的一种“茅塞顿开”。

翻开数学发现的历史，可以看到许多数学发现来自数学家的灵感。例如笛卡尔在1619年11月10日晚，带着长时间思索而不得其解的问题（如何把代数与几何结合起来的问题）入睡了。他一夜连续作了几个梦，梦中找到了他所要找寻的答案。对此，笛卡尔后来回忆道，受梦（灵感）的启示，“第二天，我开始懂得这惊人发现的基本原理”。这个基本原理就是坐标几何的思想。1880年，法国著名数学家庞加莱为寻找富克斯函数的变换方法，进行了长期的紧张思索工作，但一直毫无头绪。一天，他打算暂时把工作停下来到乡下去旅行，以便放松一下自己的头脑。然而，就在他登上马车的一瞬间，一个新的思想闯入了他的脑海中。如他所言：“我的脚刚踏上车板，突然想到一种设想，……我用来定义富克斯函数的变换方法同非欧几何的变换方法是完全一样的。”英国著名数学家哈密尔顿在精彩地叙述他发现四元数的经过时说：“明天是四元数的第十五个生日。1843年10月16日，当我和妻子步行去槽林途中，来到勃洛翰桥的时候，它们就来到了人世间，或者说出生了，发育成熟了。这就是说，此时此地我感到思想的电路接通了，而从中落下的火花就是I、J、K之间的基本方程；恰恰就是我以后使用它们的那个样子。我当场抽出笔记本，它还在，就将这些做了记录，同一时刻，我感到也许值得花上未来的至少10年（也许15年）的劳动。但当时还完全可以说，这是因我感到一个问题就在那一刻已经解决了，智力该缓口气了，它已经纠缠住我至少15年了。”法国著名数学家阿达玛也曾回忆说：“有一次，在一阵突发的喧哗声中，我自己立即毫不费力地发现了问题的解答。……它根本不在我原先寻找这个解答的地方。”像这种由于长期探索，百思不得其解，突然灵犀一点，由茅塞顿开的灵感而获得的数学发现是很多的。这种由于灵感的迸发而导致发明、发现的成功，又何止出现于数学家身上，古今中外的诗人、文学家、艺术家、科学家、发明家、军事家、社会活动家们，都有许多成功地运用显意识调动潜意识而获得灵感的经验，总结、归纳他们的一些经验做法，可作为我们在数学学习和数学研究中激发灵感的借鉴。

从产生数学灵感的上述实例中可以看出，数学灵感来源于数学家或数学工作者对数学科学研究或探索的激情，是长期或至少是长时间地把思想沉浸于工作与解决问题的境域之中，然后受到偶发信息或精神松弛状态下的某种因素的启发，爆发出思想的闪光与火花，于是接通显意识，产生跃迁式的顿悟，最后进行验证获得创造性的成果。因此灵感通常是突发式的。但是对数学工作者来说，若能按照上述机制诱导，努力形成灵感容易诱发的环境与条件，例如查阅文献资料，与有关人员进行交流讨论，善于对各种现象进行观察、剖析，善于汲取各家、各学科的思想与方法，有时可把问题暂时搁置，或者上床静思渐入梦境，一旦有奇思妙想，要立即跟踪记录，如此等等，灵感也是可以诱发的。

四、发散思维

美国心理学家基尔福特认为，发散思维“是从特定的信息中产生信息，其着重点是从同一的来源中产生各种各样的为数众多的输出，很可能会发生转换作用”。这种思维的特点是：向不同方向进行思考，多端输出，灵活变化，思路宽广，考虑精细，答案新颖，互不相同。因此，也把发散思维称为求异思维，它是一种重要的创造性思维。

一般说来，数学上的新思想、新概念和新方法往往来源于发散思维。按照现代心理学家的见解，数学家创造能力的大小应和他的发散思维能力成正比。一般而言，任何一位科学家的创造能力都可用这个公式来估计：创造能力=知识量×发散思维能力。

第二节　高等数学创造性思维品质培养

一、思维的广阔性

它表现在能多方面、多角度去思考问题，善于发现事物之间的多方面的联系，找出多种解决问题的办法，并能把它推广到类似的问题中去。思维的广阔性还表现在：有了一种很好的方法或理论，能从多方面设想，探求这种方法或理论适用的各种问题，扩大它的应用范围。数学中的换元法、判别式法、对称法等在各类问题中的应用都是如此。

二、思维的深刻性

它表现在能深入地钻研与思考问题，善于从复杂的事物中把握住问题的本质，而不被一些表面现象所迷惑，特别是能在学习中克服思维的表面性、绝对化与不求甚解的毛病。要做到思维深刻，在概念学习中，就要分清一些容易混淆的概念；在定理、公式、法则的学习中，就要完整地掌握它们（包括条件、结论和适用范围），领会其精神实质，切忌形式主义、表面化和一知半解、不求甚解。

三、思维的灵活性

爱因斯坦把思维的灵活性看作创造性的典型特征。在数学学习中，思维的灵活性表现在能对具体问题作具体分析，善于根据情况的变化，及时调整原有的思维过程与方法，灵活地运用有关定理、公式、法则，并且思维不囿于固定程式或模式，具有较强的应变能力。要培养思维的灵活性，传统提倡的“一题多解”是一个好办法，“一题多变”也是值得采用的。

四、思维的批判性

思维的批判性表现在有主见地评价事物，能严格地评判自己提出的假设或解题的方法是否正确和优良；喜欢独立思考，善于提出问题和发表不同的看法，既不人云亦云也不自以为是。如有的学生能自觉纠正自己所做作业中的错误，分析错误的原因，评价各种解法的优点和缺点等。要培养思维的批判性，就要训练“质疑”，多问几个“能行吗?”“为什么?”另外，构造反例，反驳似是而非的命题，也是培养思维批判性的好办法。

五、思维的独创性

思维的独创性表现在能独立地发现问题、分析问题和解决问题，主动地提出新的见解和采用新的方法。例如，高斯 10 岁时就能摆脱常规算法，采用新法，迅速算出 $1+2+3+\cdots+100=5050$，是具有独创性的。平时教学中，要注意培养学生独立思考的自觉性，教育他们要勇于创新，敢于突破常规的思考方法和解题模式，大胆提出新颖的见解和解法，使他们逐步具有思维独创性这一良好品质。

创造性思维是思维的高级形态，是个人在已有经验的基础上，从某些事实中寻求新关系，找出独特、新颖的答案的思维过程。它是伴随着创造性活动而产生的思维过程，存在于人类社会的一切领域及活动中，发挥着重要的作用。由于创造性思维具有独特性、发散性和新颖性，因而具有创造性思维的人，就其思维方法和心理品格而言，应具有以下一些特征：

（1）富于思考，敢于质疑

他们对书本上的知识和教师的言行，不盲目崇拜。对待权威的传统观念常投以怀疑的目光，喜欢从更高的角度和更广的范围去思索、考察已有的结论，从中发现问题，敢于提出与权威相抵触的看法，力图寻找一种更为普遍和简捷的理论来概括现有流行的理论。

（2）观察敏锐，大胆猜想

他们有敏锐的观察能力和很强的直觉思维能力，喜欢遨游于旧理论、旧知识的山穷水尽之处。对于某些“千古之谜”、人们望而生畏的“地狱”入口，他们却能洞察其中的渊源并产生极大的兴趣。善于察觉矛盾，提出问题，思考答案，做出大胆的猜测。

（3）知识广博，力求精深

他们知识面广又善于扬长避短，善于集中自己的智慧于一焦点上去捕获灵感。他们常凭借已有的知识去幻想新的东西。爱因斯坦称颂这种品格说：“想象力比知识更为重要，因为知识是有限的，而想象力概括着世界上的一切，推动着进步，并且是知识进化的源泉。”

(4) 求异心切，勇于创新

他们喜欢花时间去探索感兴趣的未知的新事物，不囿于现成的模式，也不满足于一种答案和结论，常反思所得结论，从中去寻觅新的闪光点。兴趣上常带有偏爱，对有兴趣的学科、专业会努力钻研。

(5) 精力旺盛，事业心强

他们失败后不气馁，愿为追求科学中的真、善、美的统一，为了人类的文明，为了所从事的工作和科学事业的发展，毕生奋斗，矢志不移，甘当蜡烛，勇于献身。

一个人的创造性思维，并非先天性的先知先觉，而是由良好的家庭、学校、社会的教育和个人的奋斗所造就的。

是否任何教育都能造就这样的人才？注入式的教学方法能造就吗？学生不讲究科学的学习方法，脑子中塞满越来越多的公式，定律就能自然产生吗？能否自然而然地出现幻想、想象、灵感和洞察力？

单纯地灌输知识只能培养模仿能力。英国启蒙诗人杨格说过：模仿使人成为奴才。因此，教育必须采取利于培养创造性思维能力的科学的教育方式。今天，学生在学校受教育的过程，应当是培养创造能力、训练创造方法的过程，是激发人们创造性的过程。学生应立于教与学的主体地位，“所谓教师之主导作用，贵在善于引导启迪，使学生自奋其力，自致其知，非谓教师滔滔讲说，学生默默聆受”。“尝试教师教各种学科，其最终目的在达到不复需教，而学生能自为研索，自求解决”。因此，大学生在学习过程中，应充分发挥自治自理的精神，要学会自我设计，把握住学习的主动权，去自觉地培养和发展自己的创造性思维能力。

如何才能更好地培养创造性思维能力？

(1) 必须对培养创造性能力的目的有明确的认识

要看到这是时代的要求，是时代赋予青年的历史使命。青年必须以高度的责任感和自信心来对自己的学习阶段做出恰当的规划、设计。

(2) 要有高度的定向能力

一旦明确了大学的每个学习阶段的知识学习和能力训练的要求，就要排除外界各种干扰信息，不畏惧困难，保持高度的注意紧张性，自觉地、有目的地去索取知识与培养能力，并把重心放在能力的培养上。

（3）要用心去探究、理解科学知识的孕育过程

即假设—推理—验证或间接地进行假设—推理—再验证。这个过程，正是揭露知识内在矛盾和发现真理的过程，也是遵循唯物辩证法的认识过程。

（4）要研究推敲知识的局限性、真理的相对性

正如爱因斯坦所指出的，科学的现状没有永久的意义。

（5）要敢于用批判的态度去学习知识

学会从书本中去发现问题，从课外读物中去寻找新的思路与线索。要学会凭直觉的想象去大胆地猜想，猜想出的结论并不一定都是正确的，要学会分析、肯定和扬弃。即使猜想被扬弃，但获得了创造能力的训练，这也是我们所要追求的。因为任何一个创造性的错误都胜过那些已被验证的结论。

（6）学习科学的方法论，学会正确的学习方法和思考方法

切记，学习最大的障碍是已知的东西，而非未知的东西，不能在已知的领域中停步不前。

（7）要学会科学地安排时间

因为时间对每个人来说，都是个“常数”。要珍惜时间、利用时间，就得学会“挤”时间，“抓”时间，把精力的最佳时刻用在思维的关节点上，用在思维的最重要目标上，以保持创造思维的最佳效果。

（8）要学会建立良好的人际关系

有价值的良好的创造活动，常常需要不同单位和个人的协作，需要提供更多的信息和保持良好的工作条件。因此，正确的、良好的人际关系是一个从事创造性活动的人所必不可少的。

一旦按照所学的专业的要求和自身的情况做出了实事求是的自我设计，就应当以坚忍不拔的毅力、勤奋刻苦的学习，步步实现自我设计。功夫不负有心人，艰苦的劳动，必然赢得能力攀升，功成名就！

第三节　高等数学创造性思维能力培养

影响数学创造力的因素有三点，即在内容上有赖于一定的知识量和良好的知识结构；在程度上有赖于智力水平；在力度上有赖于心理素质，如兴趣、性格、意志等。

一、数学知识与结构是数学创造性的基础

科学知识是前人创造活动的产物，同时又是后人进行创造性活动的基础。一个人掌握的知识量影响其创造能力的发挥。知识贫乏者不会有丰富的数学想象，但知识多也未必就有良好的思维创新。那么，数学知识与技能如何影响数学创造性思维呢？如果把人的大脑比作思维的“信息原料库”，则知识量的多寡只表明“原料”量的积累，而知识的系统才是“原料”的质的表现。杂乱无章的信息堆积已经很难检索，当然就更难进行创造性的思维加工了。只有系统合理的知识结构，才便于知识的输出或迁移使用，进而促进思维内容丰富，形式灵活，并产生新的设想、新的观念以及新的选择和组合。因此，是否具有良好的数学知识结构对数学创造性思维活动的运行至关重要。

二、智力水平是创造性的必要条件

创造力本身是智力发展的结果，它必须以知识技能为基础，以一定的智力水平为前提。创造性思维的智力水平集中体现在对信息的接受能力和处理能力上，也就是思维的技能。衡量一个人的数学思维技能的主要标志是他对数学信息的接受能力和处理能力。

对数学信息的接受能力主要表现在对数学的观察力和对信息的储存能力。观察力是对数学问题的感知能力，通过对问题的解剖和选择，获取感性认识和新的信息。一个人是否具备敏锐、准确、全面的观察力，对能否捕捉数学信息至关重要。信息的储存能力主要体现为大脑的记忆功能，即完成对数学信息的输入和有序保存，以供创造性思维活动检索和使用。因此，信息储存

能力是开展创造性思维活动的保障。

信息处理能力是指大脑对已有数学信息进行选择、判断、推理、假设、联想的能力，包括想象能力和操作能力。这里应特别指出，丰富的数学想象力是数学创造性思维的翅膀，求异的发散思维是打开新境界的突破口。

由于情绪等心理素质对创造性思维的影响很突出，因此，国外流行称其为“情绪智商”（Emotional Quotient，简称 EQ），以和 IQ（智商）相区别。根据情绪发生的程度、速度、持续时间的长短与外部表现，可把情绪状态分为心境、激情和热情。良好的心境能提高数学创造性思维的敏感性，及时捕捉创造信息，联想活跃，思维敏捷，想象丰富，能够提高创造效率；激情对创造是个激励因素，是创新意识和进取的斗志；热情是创造的心理推动力量，对数学充满热情的人能充分发挥智力效应，做出创造性贡献。

意志表现为人们为了达到预定的目的，自觉地运用自己的智力和体力积极地与困难作斗争。良好的意志品质是数学创造的心理保障。

兴趣是数学创造性思维的心理动力。稳定、持久的兴趣促进创造性思维向深度发展；浓厚的兴趣促使数学爱好者对数学问题进行热情探索，锲而不舍地向创造目标冲击。

最新研究显示，一个人的成功只有 20%取决于 IQ 的高低，80%则取决于 EQ 的高低。EQ 高的人，生活比较快乐，能维持积极的人生观，不管做什么，成功的可能性都比较大。

基于上述影响创造性思维因素的分析，有人又提出创造能力的经验公式：

$$创造能力=有效知识量\times IQ\times EQ。$$

式中，IQ、EQ 都是与后天教育相关的因子，所以，数学创造性思维的培养是达到终点行为的经常性任务。

三、通过数学教育发展数学创造性思维能力

（一）转变教育观念，将创造性能力作为整个数学教育的原则

要相信每个人身上都存在着创造潜力，学生和科学家一样，都有创造性，只是在创造层次和水平上有所不同而已。科学家探索新的规律，在人类认识

史上是“第一次”的，而学生学习的是前人发现和积累的知识，但对学生本人来说是新的。我国教育家刘佛年教授指出，“只要有点新意思、新思想、新观念、新设计、新意图、新做法、新方法，就称得上创造”。所以对每个学生个体而言，都是在从事一个再发现、再创造的过程。数学教育家弗赖登塔尔在《作为教育任务的数学》中指出，将数学作为一种活动来进行解释，建立在这一基础上的教学活动，称为再创造方法。“今天原则上似乎已普遍接受再创造方法，但在实践上真正做到的却并不多，其理由也许容易理解。因为教育是一个从理想到现实，从要求到完成的长期过程。”“再创造是关于研究层次的一个教学原则，它应该是整个数学教育的原则。”通过数学教学这种活动来培养和发展学生的数学创造性思维，才能为未来学生成为创造型的人才打下基础。

（二）在启发式教学中采用的几点可操作性措施

数学教学经验表明，启发式方法是使学生在数学教学过程中发挥主动的创造性的基本方法之一。而教学是一种艺术，在一般的启发式教学中艺术地采用以下措施，对学生的数学创造性思维是有益的。

（1）观察试验，引发猜想

英国数学家利特伍德在谈到创造活动的准备阶段时指出：“准备工作基本上是自觉的，无论如何是由意识支配的。必须把核心问题从所有偶然现象中清楚地剥离出来……”这里偶然现象是观察试验的结果，从中剥离出核心问题是一种创造行为。这种行为达到基本上自觉时，就会形成一种创造意识。我们在数学教学中有意识设计、安排学生观察试验、猜想命题、找规律的练习，逐步形成学生思考问题时的自觉操作，学生的创造性思维就会有较大的发展。

（2）数形结合，萌生构想

爱因斯坦曾指出：“提出新的问题、新的可能性，从新的角度去看旧的问题，都需要有创造性的想象力。”在数学教学之中，适时地抓住数形结合这一途径，是培养创造性想象力的极好契机。

（3）类比模拟，积极联想

类比是一种从类似事物的启发中得到解题途径的方法。类似事物是原型，受原型启发，推陈出新；类似事物是个性，从个性中寻找共性就是创新。

（4）发散求异，多方设想

在发散思维中沿着各种不同方向去思考，即有时去探索新运算，有时去追求多样性。发散思维能力有助于提出新问题、孕育新思想、建立新概念、构筑新方法。数学家创造能力的大小，应和他的发散思维能力成正比。在数学教学中，一题多解是培养发散思维的一条有效途径。

（5）思维设计，允许幻想

数学家德·摩根曾指出："数学发明创造的动力不是推理，而是想象力的发挥。"在数学抽象思维中，动脑设计，构想程序，可以锻炼抽象思维中的建构能力。马克思曾说过"最蹩脚的建筑师从一开始就比最灵巧的蜜蜂高明的地方"是"建筑师在建造一座房子之前，已经在他的头脑中把它构成了"。根据需要在头脑中构想方案，建立某种结构是一种非常重要的创造能力。

（6）直觉顿悟，突发奇想

数学直觉是对数学对象的某种直接领悟或洞察，它是一种不包含普通逻辑推理过程的直接悟性。科学直觉直接引导与影响数学家们的研究活动，能使数学家们不在无意义的问题上浪费时间，直觉与审美能力密切相关。这在科学研究中是唯一不能言传而只能意会的一种才能。在数学教学中可以从模糊估量、整体把握、智力图像三个方面去创设情境，诱发直觉，使堵塞的思路突然接通。

（7）群体智力，民主畅想

良好的教学环境和学习气氛有利于培养学生的创造性思维能力。课堂上教师对学生讲授解题技巧是纵向交流垂直启发，而学生之间的相互交流和切磋则可以促进个体之间创造性思维成果的横向扩散或水平流动。

（三）具体到数学教学中，要注意以下几个方面

（1）加强基础知识教学和基本技能训练，为发展学生的数学思维和提高他们的创造能力奠定坚实的基础

一定的知识和能力是学生今后学习和工作成功的必备条件。脱离知识，

能力培养便失去基础；不去发展能力，知识便难以被有效掌握，两者是不可分割的辩证统一体。教学方法的实质就在于如何在教与学的过程中，把获得知识和发展能力统一起来使之相互促进。在教学中，知识和能力的统一问题经常表现为正确处理好学懂与学会的矛盾问题。数学学习光学懂了不行，还要看解决问题的能力如何。对数学知识的学习既要做到学懂，还要做到学会，但学懂是基础。如果事先还没有学懂，那根本谈不上学会。从教学角度来分析，懂得获得知识的问题会是增长能力的问题。从懂到会要经过一番智力操作（其中特别是思维），是把人的外在因素转变为内在因素的过程。

（2）要重视在传授知识的过程中训练学生思维、培养能力

数学教学不仅要传授知识，而且要传授思想方法，发展学生的思维和提高他们的能力。而能力的发展要求与基础知识教学紧密地结合起来。从大量的知识内容中去获得思想方法和发展能力的因素，从反复的练习中去学会运用这种思想方法和发展能力。例如，从总的方面来看，学生逻辑思维能力的发展经过了以下几个阶段：

在小学阶段的教学中，理论和法则的阐述都是建立在归纳法（或叫作不完全归纳法）的基础上的。在传授知识过程中，开始总是摆事实，摆了一层又一层，在相信一层又一层事实的基础上，归纳出数学的定理和法则。这时的逻辑训练是在教给学生交换律、结合律、分配律这样一些运算的基本定律，学生就是在获得这些基础知识的过程中，在不知不觉中掌握归纳的推理方法，为今后学习物理、化学、生物等学科打下基础，学会如何通过几个实验、数量模型等归纳出科学的规律来。学生应善于运用所掌握的思维方法，才会有较强的接受能力。

从初中阶段的几何课开始，学生开始系统地接受演绎思维的训练。演绎法是一种严密的推理方法，它是人类认识客观世界在思维方面的发展。单靠直观上的正确不能满足认识上的需要，要证明两个线段相等或两个图形全等不能通过看剪下来是否重合来证明，而是从已知条件出发，根据定义、公理和已被证明的定理演绎出必然的结果。

到了高中阶段，思想方法逐渐严密，他们产生这样一种思想，不满足于

用归纳法得出结果，要求对这些结果进行演绎法的证明，证明它们或成立或不成立。不仅了解局部的演绎证明，还想了解整个课程是按照一个什么样的演绎逻辑系统展开的。这样，中学教育无形中引导学生进入近代科学探讨问题的境界。总之，我们不能脱离知识孤立地谈论能力培养。而是要在传授知识的过程中，在知识获得的同时，一点一滴地去培养学生的能力。到了大学阶段，学生的基本思维能力均已具备，教学中就应重点考虑创造性思维能力的培养。

（3）要研究把知识转化为能力的过程

对任何人来说，知识是外在因素，能力是内在因素。教学工作就是要促进知识转化为能力，而且转化得越快越好，这是教学方法的科学实质。我们知道只有在知识和能力之间建立起来一种联系才能促使其相互转化，这种联系是大脑功能的反映，是思维的产物。在教学中学生思维的内容就是教学内容，教师必须深入研究学生在学习过程中的思维状况，因为知识是在思维活动过程中形成的。在教学中，智力对知识的操作是通过思维来实现的。这一般表现为求异思维和求同思维，这是学习过程中的基本的思维方式。求异思维就是对事物进行分析比较，找出事物之间的相同点和不同点。求同思维就是从不同事物中抽取出相似的、一般的和本质的东西来认识对象的过程。

（4）解题是发展学生思维和提高能力的有效途径

所谓问题是指有意识地寻求某一适当的行动，以便达到一个被清楚地意识到但又不能立即达到的目的，而解题指的就是寻求达到这种目的的过程。著名数学教育家波利亚在《数学的发现》一书中指出：“掌握数学意味着什么呢？这就是善于解题，不仅善于解一些标准的题，而且善于解一些要求独立思考、思路开阔、见解独到和有发明创造的题。”因此，从广义上说，学校学生的数学活动，其实也就是解决各种类型数学问题的活动。

解题是一种富有特征的活动，它是知识、技能、思维和能力综合运用的过程。在数学学习中，解题能力强的学生要比能力弱的学生更能把握题目的实质，更能区分哪些因素对解题来说是基本的和重要的；有能力的学生对解题类型和解题方法能迅速地、容易地作出概括，并且将掌握的方法迁移到其他题目上。他们趋向跳过逻辑论证的中间步骤，容易从一种解法转到另一种解法上，并且在可能的情况下力求一种“优美”的解法；他们还能够在必要时顺利地把自己思路逆推回去。此外，有能力的学生趋向于记住题目中的各种关系和解法本质，而能力较低的学生只能回忆起题目中一些特殊的细节。

思维与解题过程的密切联系是大家都清楚的，虽然思维并非总等同于解题过程，然而思维的形成最有效的办法是通过解题来实现。正是在解数学题的过程中，在有可能达到数学教学的直接目的的同时，最自然地使学生形成创造性的数学思维。因此，在现代数学教学体系中，为了发展学生的数学思维和提高他们的数学能力，要求在数学课中必须有一个适当的习题系统，这些习题的配置和解答过程，至少应当考虑部分地适应发展学生的数学思维和提高数学能力的特点和需要。因此，数学教学一项最重要的职责是强调解题过程思维和方法训练。

（5）变式教学是“双基”教学、思维训练和能力培养的重要途径

所谓变式是指变换问题的条件或形式，而问题的实质不改变。不改变问题的实质，只改变其形态，或者通过引入新条件、新关系，将所给问题或条件变换成具有新形态、新性质的问题或条件，以达到加强“双基”教学、训练学生思维和提高他们能力的目的，这种教学途径有着很高的教育价值。变式不仅是一种教学途径，而且是一种重要的思想方法。采取变式方式进行教学的过程叫作变式教学。

变式有多种形式，如形式变式、内容变式、方法变式。

形式变式，如变换用来说明概念的直观材料或事例的呈现形式，使其中的本质属性不变，而非本质属性时有时无。例如将揭示某一概念的图形由标准位置改变为非标准位置，由标准图形改变为非标准图形，就是形式变式。我们把这种形式变式叫作图形变式。其实，由罗尔微分中值定理中的几何图形，稍微旋转就得到拉格朗日微分中值定理中的图形。

内容变式，如对习题进行引申或改编，将一个单一性问题变化成多种形式、多种可能的问题。一题多变就是通过变化内容使一个单一内容的问题，衍生出具有多种内容的问题。这种变式可以促使问题层层深入，思维不断

深化。

方法变式，如一题多解，通过方法变式，使同一问题变成一个用多种方法去解决，从多种渠道去思考的问题，这样可以促使思维灵活、深刻。

在《高等数学》教学中，要结合相关的知识点，着重培养学生的创造性思维能力：

（1）直觉思维能力的培养

美国著名心理学家布鲁纳指出："直觉思维，预感的训练，是正式的学术学科和日常生活中创造性思维的很受忽视而重要的特征。"在教学活动中，要注意以下几点：

①重视数学基本问题和基本方法的牢固掌握和应用，加深学生对数学知识的直觉认识，形成数学知识体系。数学中的知识单元一般由若干个定义、定理、公式、法则等组成，它们集中地反映在一些基本问题、典型题型或方法模式中。许多其他问题的解决往往可以归结为一个或几个基本问题，或归为某类典型问题，或者运用某种方法模式。

②强调数形结合，发展学生的几何思维和空间想象能力。数学形象直感是数学直觉思维的源泉之一，而数学形象直感是一种几何直觉或空间观念的表现。对于几何问题要培养几何自身的变换、变形的直观感受能力；对于非几何问题则尽量用几何的眼光去审视分析，逐步过渡到几何思维方式。

③凭借直觉启发思路，发现新的概念、新的思想方法。从事数学发明、创造活动，逻辑思维很难见效，而运用数学直觉常常可以容易地抓住数学对象之间的内部联系，提出新的思路，从而发现新的内容与思想方法。

（2）猜想思维能力的培养

鼓励学生利用直觉进行大胆猜想，养成善于猜想的数学思维习惯。猜想是一种合理推理，它与论证所用的逻辑推理相辅相成。

对于未给出结论的数学问题，猜想的形成有利于正确诱导解题思路；对于已有结论的问题，猜想也是寻求解题思维策略的重要手段。培养敢于猜想、善于探索的思维习惯是形成数学直觉，发展数学思维，获得数学发现的基本素质。

常见的猜想模式有：

①通过不完全归纳提出猜想。这需要以对大量数学实例的仔细观察和实验为基础。

②由相似类比提出猜想。

③通过强化或减弱定理的条件提出猜想，可称为变换条件法。另外，还可通过命题等价转化由一个猜想提出新的等价猜想，称为逐级猜想法。

④通过逆向思维或悖向思维提出猜想。悖向思维是指背离原来的认识并在直接对立的意义上去探索新的发展可能性。由于悖向思维也是在与原先认识相反的方向上进行的，因此它是逆向思维的极端否定形式。数学史上无理数、虚数的引进在当时均是极度大胆的猜想，曾经遭到激烈的批评和反对。非欧几何公理的提出是逆向思维的大胆猜测。由于乘法不满足交换律这个反常性质曾使哈密尔顿感到很大的不安，致使他最终发现了四元数。康托的超穷数与集合论的思想甚至遭到他的老师的全盘否定。

⑤通过观察与经验概括。可以从物理或生物模拟、直观想象或审美直觉中提出猜想。

在现实世界中，对称现象非常普遍。反映到数学中，对称原理也是随处可见。尤其在描述、刻画现实世界中运动变化现象的重要学科——微分方程的理论中更是大显身手，即使在高度抽象的“算子”理论中也充分体现出数学的对称美。在数学知识体系中，利用对称原理考虑、处理问题也是一个重要的思想方法。例如，研究者借鉴对称原理，在研究微分算子的单边奇异性问题的基础上，首次利用对称微分算子研究讨论了两端奇异的自伴微分算子问题，然后再由对称情形——两端亏指数相等的情形推导出非对称情形——两端亏指数不相等的结论，而使得两端奇异的自伴微分算子的解析描述问题得到彻底解决。

（3）灵感思维能力的培养

通过研究数学史，结合心理学知识，人们总结出如下一些激发灵感的方法可供借鉴。

①追捕热线法。“热线”是由显意识孕育成熟了的，并可以和潜意识相

沟通的主要课题和思路。大脑中一旦“热线”闪现，就一定要紧紧追捕，迅速将思维活动和心理活动同时推向高潮，务必求得一定的结果。古希腊的大科学家阿基米德便善于追捕热线。当罗马军队侵入叙拉古并闯入他家中时，他正蹲着研究画在地上的几何图形，继续追捕着他顿悟的数学证明。哪怕罗马士兵的宝剑刺到了鼻尖，他还坦然不畏地说：“等一下杀我的头，再给我一会儿工夫，让我把这条几何定理证完，不能给后人留下一条没有证完的定理啊……”残暴的罗马士兵不容分说，便举剑向他砍去，阿基米德大喊一声：“我还没做完……”便倒在了血泊之中。他至死也不肯断掉头脑中的“热线”。

一旦产生“热线”，有了新思想，就要立刻紧紧抓住，否则稍纵即逝。这正如苏轼所言：“作诗火急追亡逋，清景一失后难摹。”

②暗示右脑法。斯佩里的脑科学新成果表明，人的右脑主管着许多高级功能。比如音乐、图画、图形等感觉能力，几何学和空间性能力，以及综合化、整体化功能，都优于左脑。因此，右脑主管着人的潜思维，孕育着灵感的潜意识。近几十年来，世界上许多心理学家、教育学家都相继把研究目光转向重视发挥潜意识的作用。保加利亚心理学家洛扎诺夫通过改革教学法的实验，用“暗示法”启示潜意识，调动大脑两半球不同功能的积极性，收到良好的效果。

③寻求诱因法。灵感的迸发几乎都必须通过某一信息或偶然事件的刺激、诱发。数学及其他科学发现中的大量事实表明，当思维活动达到高潮，问题仍百思不得其解时，诱发因素就尤为宝贵，它直接关系到研究的成功或失败。这种诱发因素的获得办法有很多种，如自由的想象、科学的幻想、发散式的联想、大胆的怀疑、多向的反思等。

④暂搁问题法。如果思考的问题总是悬而难决，那就把它暂搁下来，转换思维的方向和环境，或去学习和研究别的问题，过一段时间再回到这个问题上来，或不自觉地回到原题上来，有时就会突然悟出解决的办法。“文武之道，一张一弛。”长期紧张的用脑思索之后，辅之以体育活动、文艺活动或散步、赏花、谈心、下棋、看戏、沐浴、洗衣等，有意识地使思维离开原

题，让大脑皮层的兴奋与抑制关系得到调剂，才能有效地发挥潜思维的作用促使灵感的迸发。

⑤西托梦境法。美国堪萨斯州曼灵格基金会“西托”状态研究中心的格林博士认为，一个人身心进入似睡似醒状态时，脑电图显示出一系列长长的、频率为4~8周的电波，科学家称这种状态为“西托”，这种电波称为“西托波”，而在西托状态中做梦常常会迸发出创造性灵感。这种“西托”式的梦境，只有问题焦点明朗，思索紧张，以至达到吃不好、睡不着的程度才易于出现。因此，并非一切“做梦”都能诱发灵感，我们应当创造条件，为“做梦”提供机会。

⑥养气虚静法。以“养气”使身心进入“虚静”（排除内心一切杂念，使精神净化），在“虚静”境界里，求得灵感的到来。这是中国古代提出的诱发灵感的成功方法。“养气”要“清和其心，调畅其气”，使自己心情舒畅，思路清晰，虚心静气。

⑦跟踪记录法。灵感像个精灵，来去匆匆，稍纵即逝。必须跟踪记录，随身携带笔和小本子，只要灵感火花一现，就即刻把它捕获记下。

上述方法，如用之于数学学习中，我们的学习就不只局限于再现式的学习，它将引导你去取得创造性学习的成功。如用之于研究数学问题中，将把你的思考引向新的境界以获取某些新的创见。尽管灵感的生理机制和心理机制目前尚不清楚，但它确实存在，亦可捕捉。我们要学会捕捉它，在捕捉它的过程中，逐步掌握这种创造性的学习和思考的方法，逐步培养和提高自己的灵感思维能力。

（4）发散思维能力的培养

数学问题中的发散对象是多方面的。例如，对数学概念的拓广，对数学命题的推广与引申（其中又可分为对条件、结论或关系的发散），对方法（解题方法、证明方法）的发散运用等。发散的方式或方法更是多种多样，可以多角度、多方向地思考。例如，在命题的演变中可以采取逆向处理（交换命题的条件和结论构成逆命题，否定条件构成否命题），可以采取保留条件、加强结论、特殊化、一般化、悖向处理提出新假设等各种方式。对于解法的发散方式则可以采取：几何法、代数法、主角法、数形结合法、直接法或间接法、分析法或综合法、归纳法或递推法、模型法、运动、变换、映射方法，以及各种具体的解题方法等。

加强发散思维能力的训练，是培养学生创造性思维的重要环节。那么，怎样训练学生的发散思维能力呢？

①对问题的条件进行发散。对问题的条件进行发散是指问题的结论确定以后，尽可能变通已知条件，进而从不同的角度，用不同的知识来解决问题。这样，一方面可以充分揭示数学问题的层次，另一方面又可以充分暴露学生自身的思维层次，使学生从中吸取数学知识的营养。例如，求一平面区域的面积时，可将该平面图形放在二维坐标系中用定积分方法计算，也可以放在三维空间中的坐标面内，用二重积分、三重积分解决，还可以用第一类曲面积分知识、格林公式解决。

②对问题的结论进行发散。与已知条件的发散相反，结论的发散是确定了已知条件后，没有固定的结论，让学生自己尽可能多地确定未知元素，并去求解这些未知元素。这个过程是充分揭示思维的广度与深度的过程。

③对图形进行发散。图形的发散是指图形中某些元素的位置不断变化，从而产生一系列新的图形。了解几何图形的演变过程，不仅可以举一反三、触类旁通，还可以通过演变过程了解它们之间的区别和联系，找出特殊与一般之间的关系。

④对解法进行发散。解法的发散即一题多解。

⑤发现和研究新问题。在数学学习中，学生可以从某些熟知的数学问题出发，提出若干富有探索性的新问题，并凭借自己的知识和技能，经过独立钻研，去探索数学的内在规律，从而获得新的知识和技能，逐步掌握数学方法的本质，并训练和培养自己的发散性思维能力。

第四章　高等数学分层教学模式与方法

分层教学是针对教育对象的综合评价差异而采取的一种因材施教模式。是要根据学生基本素质、知识水平的实际和社会对于人才的需求，按若干个层次对学生实施因材施教、因需施教的一种新的教学模式方法。

第一节　高等数学分层教学法概述

一、分层教学的概念

目前，对分层教学的概念的理解多种多样。归纳起来，大致有如下六类。

（一）分层教学是一种教学策略

分层教学是一种强调适应学生个别差异、着眼于各层学生都能在各自原有基础上得到较好发展的课堂教学策略。

（二）分层教学是一种教学方法

分层教学是在班级授课制下，按照学生的学习状况、心理特征及其认识水平等方面的差异进行分类，以便及时引导各类学生有效地掌握基础知识，受到思想教育，得到能力培养的一种教育教学方法。

（三）分层教学是一种教学手段

分层教学是在班级授课制下，教师在教授同一教学内容时，依一个班级优、中、差生的不同知识水平和接受能力，以相应的三个层次的教学深度和广度进行施教的一种教学手段。

（四）分层教学是一种教学方式

所谓分层教学，即根据受教育者的个体差异，对其进行排序，按照由高到低的顺序将其划分为不同的层次，针对每个层次的不同特点，因材施教，借以实现既定的人才培养目标的一种教学方式。

（五）分层教学是一种教学组织形式

分层教学是教师充分考虑到班级学生客观存在的差异性，区别对待地设计和进行教学，有针对性地加强对不同类型的学生的学习指导，使每名学生都得到最优发展的教学组织模式。

（六）分层教学是一种教学模式

将分层教学定位为一种教学模式是比较合理的。如果将分层教学看作一种教学方法或是一种教学策略，一个过于具体、偏狭，另一个又过于抽象、缺乏可操作性。教学方法中的讲授、谈话、游戏等各种方法都可以在分层教学过程中得以展现，但反过来说，分层教学到底是一种什么样的教学方法，却无法给出明确的解释。分层教学本身包含着多种调节、反馈活动机制和策略，有思维层面的东西，但它的内涵又远非这些调节、反馈活动机制和策略所能涵盖，它还包含有师生活动的基本框架，同时有一套自己的目标体系和具体的操作程序。所以，仅将其视为教学策略，没有一定思维深度的人是无法领会其中的含义的。但如果将其视为一种教学组织形式，又未免过于机械和呆板。从最初来源讲，分层教学源于分组教学，但它又不同于分组教学，它是在分组教学的框架形式内又融入了教学策略、内容、方法、目标任务、评价及指导思想等丰富内涵，从而演变为一种教学模式，而且是班级授课形式下的基于学生差异基础上的个性化教学模式。

二、分层教学的理论依据

（一）“以人为本”原则

教育必须以人为本，这是现代教育的基本价值取向。教育要真正做到“以人为本”就必须打破过去那种要求客观上有差别的学生去被动适应统一的教育计划的教育模式，代之以分层递进的教育模式。从新的教学观看，高校数学教学要求教师创设适合不同学生发展的教学环境，体现以学生为本的教学观，而不是一味地要求不同的学生来适应教师所创设的单调的、唯一的教学环境。

（二）“因材施教”原则

因材施教始创于中国古代教育家孔子，宋代朱熹将孔子这方面的思想和经验概括为“孔子教人，各因其材”。就高校生的数学学习而言，由于数学基础不同，学生之间不仅有数学认知结构上的差异，也有在对新的数学知识进行同化或顺应而建构新的数学认知结构上能力的差异，还有思维方式、兴趣爱好等个性品质的差异。在教学中，要想真正体现“因材施教”原则，就必须客观对待学生间的差异，从不同层次学生的实际情况出发，提出不同的教学目标，以最大限度地发挥每名学生的学习潜能。

（三）“掌握学习”理论

美国著名教育家、心理学家布卢姆提出的掌握学习（Mastery Learning）理论认为，有效的教学应保证大部分学生都能掌握主要的学习内容，而且只要为学生提供必要条件，就有可能使绝大多数的学生都能完成学习任务或达到规定的学习目标。因此，教师对每名学生的发展要充满信心，并为每名学生提供理想的教学，提供均等的学习条件，让每名学生都能得到适合自己的教学，让每名学生都能得到发展。

（四）“最近发展区”理论

苏联著名心理学家维果茨基提出的“最近发展区”理论认为，学生有两种发展水平，一是已经达到的发展水平，二是可能达到的发展水平，它是指学生靠自己不能独立解决的问题，经老师启发帮助后可以达到的水平。它们之间的区域被称为“最近发展区”或“最佳教学区”。教师只有从这两种水平的个体差异出发，把最近发展区转化为现有发展水平，并不断地创造出更高水平的最近发展区，才能促进学生的发展。

（五）“弗赖登塔尔”数学教育思想

荷兰数学家和数学教育家弗赖登塔尔认为：“数学发展过程就具有层次性，构成许多等级。一个人在数学上能达到的层次因人而异，数学教育的任务就在于帮助多数人去达到这个层次，并努力不断地提高这个层次和指出达到这个层次的途径。”这也正是新数学课程提到的理念：人人都能获得必需的数学；不同的人在数学上得到不同的发展。这一思想在高等教育中包含以下三层含义：①高等教育对数学教育的要求、需要达到的水平；②学生现有的数学基础和水平；③数学知识在学生的专业中的实际应用。弗赖登塔尔数学教育思想为本研究的展开提供了最重要的理论依据。

（六）“建构主义”理论

建构主义认为，人的认知过程（学习过程）是人的认知思维活动的主动建构过程，具有主动性；学习者不是知识的被动接受者，而是知识的主动建构者。分层次教学强调教学活动建立在每名学生的最近发展区内，针对每名学生的“数学现实”进行教学。把学习的主动权交给学生，学生的知识不是老师的授予，而是学生的主动建构。学生不是知识的被动接受者，而是知识的主动建构者。可见，建构主义理论是分层教学的重要理论基础。

（七）巴班斯基的“教学教育过程最优化”理论

苏联教育学家巴班斯基认为，教学过程的最优化就是在教养教育和学生发展方面保证达到当时条件下尽可能大的效果，而师生用于课堂教学和课外作业的时间又不超过学校规定的标准。教学过程最优化的基本方法包括：“在研究该班学生特点的基础上，使教学任务具体化；根据具体学习情况的需要，选择合理的教学形式和方法等。”要求教材的难度和广度以及教学的速度都应适合学生的最近发展区水平上的实际学习能力。现阶段高校数学分层次教学是符合教学过程最优化要求的选择。

（八）当代教育家的分层教学思想

在我国教育界，西南大学教育心理学家张大均提出：“社会对人才的需求是多方面多层次的，学生的个人兴趣爱好能力结构和个性发展也是有很大差异的。应该使不同层次的学生有课程选择的自由，能够主动地得到发展。面向差异的主要教学方法——分层教学体现了这一思想。”西北师范大学吕世虎教授指出：“提高教学有效的若干策略——运用‘最近发展区’理论，实施分层递进教学。”

北京师范大学曹才翰先生强调："数学教学要适应学生的认知发展水平。"王维臣在《数学与课程导论》一书中探讨教学组织演变形式时强调了"能力分班和分组"的教学组织形式。北京师范大学裴娣娜教授在《未来导报》2003 年 3 月 28 日第三版发表《对当前我国课程教学改革的思考》，文章指出，现代意义的课堂教学应体现学习的选择性，其中学生作为能动的主体，考虑其个别差异，能根据学习的需要，有效地选择自己的学习内容。课堂教学要尊重学生个性与才能，关注个体差异，满足不同层次学生的不同需要。

三、分层教学应遵循的基本原则

分层教学要反映数学大众化思想，面向全体学生，综合考虑学生个体间相同与相异的因素，将学生划分为不同的层次，对不同层次的学生，运用不同的教学策略，把学生的个体差异当作可开发的资源，为每名学生开辟广阔的发展空间，挖掘学生的发展潜能，促使学生学会学习数学，进而愿意学习数学，应遵循以下几个原则：

第一，进行分层教学要与分快慢班区别开来，分层教学中的教师眼中没有差生，在师资配置上也没有歧视，甚至会为学习程度较弱的层次配备更好的老师，分层教学的目的是提供适合学生个性发展的教育，但对较低层次的学生，应避免对他们的心理发展造成不利影响，产生被视为差生的心理压力；对较高层次的学生，不要使他们产生优越感。

第二，不能简单地由学校或教师根据学生的数学高考成绩确定学生分在哪个层次，而是由学生根据自己对数学的兴趣和已有数学基础自主确定，由于这种选择是学生的自觉行为，就能使学生的数学学习从"要我学"转变为"我要学"，充分调动学生的学习积极性。但在学生自主选择层次后，不能要求其从一而终，而是在教师的指导下，允许学生根据学习的情况和需求的变化，进行重新选择学习层次。

第三，不能简单地通过分层次降低对部分学生的要求，分层教学不是教学的目的，而是一种教学的措施或策略，学生可以根据自己的条件和后续课程的学习和今后进一步的发展需要，选择较高教学层次或技能等级要求，实现符合自身特点和发展意愿的最佳发展的目标。

第四，分层教学应按照教学过程最优化的理论对教学的各个环节、要素进行优化，按照“照顾差异，分层提高”的原则，使得教学目标的确定、教学内容的安排、教学方法的选定，评价体系等都有所区别，使之适合不同层次学生的实际学习需要，谋求全体学生的最优发展。

第五，对于不同层次的学生，教师都要给予客观、公正、科学的评价，及时鼓励富有创新精神和有进步的学生，激发学生的内在学习动机，使分层教学真正成为促进学生学习的有效手段，为每一名学生营造一种最适合他们个性的学习和发展环境。

四、分层教学所要达成的目标

分层教学改革的目标是以提高学生学习数学的兴趣为前提，在教学策略上以分层为手段发挥学生的个性特征，强调学生最大限度地智力参与，关注学生主体性的发挥和培养，通过优化设计教学过程的各个环节、各个要素，求得最佳教学效果。因此，分层教学的一般层次的目标是为具有不同的数学文化基础、不同的专业学科、不同职业取向的学生，提供尽可能充足的数学知识和数学能力的准备。但更为理想的目标是用不同的教学策略，使不同层次的学生对数学的价值与功能、数学思想方法均有较为深刻的理解与把握，为他们适应社会发展的需要，提供更为坚实、广泛的基础，使尽可能多的学生都能从低层次达到高层次，从而全面提高数学教学质量。在这一过程中，需要处理好以下几个问题：

第一，学生之间现有数学基础与未来发展方向的差异是存在的，同时学生未来运用数学的广泛程度与深入程度也是有差异的，但对学生而言，数学的价值与功能及学生对数学思想与方法的领悟同等重要，分层教学就是主动地利用这些差异，而关注、尊重这些差异就是对学生主体发展的关注与尊重，并利用这些差异来提高教学效果。

第二，分层教学班中，程度相同或相近的学生集中在一起，有利于教师把握同层次学生的认知规律，促进教师更好地认识与把握教育教学规律。因此，分层教学不仅有利于学生素质的全面提高，也有利于促进教师队伍素质的提高。

第三，承认学生的数学能力等各方面是有差异的，但同时要承认他们的智力水平与学习数学的潜力没有质的差别，因此，分层教学的基本要求是不限制层次高的学生学习数学的潜力，对层次较低的学生，让他们跟上学习进度，达到《工科类本科数学基础课程教学基本要求》所规定的学习目标，掌握数学基础知识、基本能力，为专业课学习服务，同时提高分析问题与解决问题的能力。

第二节　高等数学分层教学法准备

一、对学生分层的依据

国家做出高校大扩容的战略部署之后，高校生源的质量参差不齐。从现实的情况看，如果还把所有的学生集中在一起按照以前的方法进行教学已经是不可能的了。因此，提出了分层教学的概念。

摆在我们面前的首要问题就是怎样对学生分层。在此认真分析了一些高校分层的优点与不足，提出了适合高校的分层方法。在分层的过程中参考了“多元智力理论”，我们承认学生的差异并认为考分高低并不决定一个人的最终能力。不以牺牲部分学生的利益来进行分层，也就是没有按照学生的成绩来分层。下面主要谈谈具体的实施过程：

首先，根据学生的学习可能性水平将全班学生区分为 A、B、C 三个层次，便于教师把教学难度确定在每名学生的“最近发展区”之中。

其次，根据本校某级学生的高考入学成绩的统计资料，确定各层次人数比例。对成绩分布表进行具体分析，150 分的总分，数学成绩在 60 分（相当于百分制的 40 分）以下的百分比，学生数学成绩在 120 分（相当于百分制的 80 分）以上的百分比，可以看出学生的差异是显著的。由宁静等人的研究可以得出结论，高考分数可以作为大学生智育水平的一个标准，然而高考总分在一定范围内的学生数学的成绩取决于自己的努力程度和个人正确的学习方法。由此可以看出确定的比例是可行的。当然我们的分层并不是直接按照高考成绩分层，在后面还要作专门的论述。

最后，综合考虑学生的问卷调查结果、教学的经验以及于宏等人研究的结果确定了各层次学生的大致标准：

A 层学生智力因素和非智力因素好，观察力、记忆力、注意力、思考和自学能力较强，视野开阔，能将学到的基本原理“迁移”到各种练习题和实验中去。具体表现出来为有较好的数学基础，并有志于从事科学研究和技术开发，能积极地配合老师教学，对数学有极高的学习热情，有进一步考研究生的需要。

B 层学生为学生中的主体，该层次的学生智力因素较好，非智力因素中等，有些小聪明，但学习上不是很专心，进取心不是很强，知识面较广。

C 层学生满足如下特点：学生认知能力低，非智力因素欠缺，上课时不能集中注意力，意志品质较为薄弱。具体体现为数学基础薄弱，或学习数学没有主观的愿望。

二、对学生分层的具体操作

由于我们的教育对象是人，而不是像工厂中的产品的制造一样千篇一律，所以如果由学校或教师简单地根据学生原来的成绩（入学成绩）确定学生分在哪个层次，这对学生来说是被动的选择，并不能激发学生的学习积极性，还会刺伤学生的自尊，也会对学生心理发展产生不良影响，不可能达到预期的教学目的。应在学校充分了解、认识学生某些课程基础水平的前提下，通过教师的指导，充分听取学生本人的意见，最后由学生自主决定。因此，我们的分层主要考虑到了三个方面：第一，学生的数学基础；第二，个人自愿，充分兼顾到学生本人的兴趣爱好和本人的意愿；第三，自主学习能力。

首先，公开分层。在开学之初给学生进行分班的指导工作，主要给学生讲解我们为什么要分班以及分班的原则，并由班导师（班导师一般指导 5~8 名学生，比较具有针对性）做好本组学生的分班指导工作。

其次，在开学两周之内允许学生自主地在该系的各个班级听课，各个班级主要按照事先确定的教学大纲、教材组织教学内容，让学生做到选择之前心中有数。

最后，为了更好地分层，要制作调查问卷发给学生，在两周之后回收问卷，让学生有充分的时间来考虑分班情况。该问卷主要是调查学生在中学时期的数学学习习惯、数学学习兴趣以及根据前段时间的走班听课和自己的实际情况决定自己更愿意在哪个班。同时，为了检验学生的适应情况还要制作第二份问卷调查。这个主要为了对学生进入学校半年以后学习的习惯、兴趣以及对现在教学方式的满意程度进行调查，为下期分班做好准备。

第三节　高等数学分层教学法实施

一、各层学生教学目标的确定

分层教学不是教学目的，而是一种教学措施，分层教学法是在认识到了每名学生都是不同的个体，教育的任务不是抹杀这种差异，而是在适应这种差异的基础上，所做出的最能使学生得到充分的发展的一种措施。从学生差异出发意味着我们制定的教育教学目标应该有差异性，同时如果分层之后还按照相同的内容和方法进行授课那也达不到分层的目的。因此，在我们上课之前就应该针对每一个层次的学生制定相应的教学大纲，教学大纲的制定必须达到国家教育部高教司颁布的高校基础课教学基本要求，这个是最基本的，各层的学生都要达到的。由于高等数学课程章节比较多，我们只针对第三章给大家介绍教学大纲的不同。

大纲对所列知识提出了四个层次的不同要求，四个层次由低到高顺序排列，且高一级层次要求要较深包含低一级层次要求。出现的四个层次分别为：

了解——初步知道知识的含义及简单应用。

理解——懂得知识的概念和规律以及与其他相关知识的联系。

掌握——能够应用知识的概念、定义、定理、法则去解决一些问题。

灵活运用——对所列知识能够综合运用，并能解决一些数学问题和实际问题。

1. A层学生教学大纲的确定

前面我们已经确定了，该层的学生理解能力与领悟能力均较强。因此，在教学过程中可对教学内容进行扩充，开拓学生视野。课程教学的任务是：使学生从思想观念到思维方法上完成从初等数学到变量数学的转变；全面掌握微积分的基本概念、基础理论和基本方法；为学习各门后续课程和各类专业课奠定坚实的基础；全面培养和提高辩证思维、逻辑推理能力和微积分运算技巧。培养目标确定为提高学生研究水平，满足当今社会对精英型人才的要求。因此，对该层学生我们的教学大纲相应地确定为以下内容：理解函数的极值概念；掌握用导数判断函数的单调性和求函数极值的方法；了解柯西（Cauchy）中值定理；会用罗尔（Rolle）定理、拉格朗日（Lagrange）中值定理和泰勒（Taylor）定理；掌握函数最大值和最小值的求法及其简单应用；了解曲率和曲率半径的概念；会用导数判断函数图形的凹凸性及求拐点；会求函数图形的水平、铅直和斜渐近线，会描绘函数的图形；掌握用洛必达（Lhospita）法则求未定式极限的方法；会计算曲率和曲率半径，会求两曲线的交角；了解方程近似解的二分法和切线法。

对该层学生提出的能力要求是：

（1）逻辑思维能力

会对问题进行观察、比较、分析、综合、抽象与概括；会用演绎、归纳和类比进行推理；能够准确、清晰、有条理地进行表述。

（2）运算能力

会根据法则、公式、概念进行数、式、方程的正确计算和变形；能分析条件，寻求与设计合理、简捷的运算途径。

（3）分析问题和解决问题的能力

能阅读理解对问题进行陈述的材料；能综合应用所学数学知识、数学思想和方法解决问题，包括解决在相关学科、生产、生活中的数学问题，并能用数学语言正确地加以表述。

2. B 层学生教学大纲的确定

这部分学生占学生总量的大多数，对这部分学生的培养应按大纲要求，以正常速度按部就班进行。采用较为统一的教学安排，着重为学生打下扎实的数学基础，并为将来的进一步发展创造实力，教学方法着重于提高课堂讲授质量，使学生牢固掌握所学知识。对于该层学生，我们的教学大纲相应地确定为：理解函数的极值概念，掌握用导数判断函数的单调性和求函数极值的方法；理解罗尔（Rolle）定理和拉格朗日（Lagrange）定理，了解柯西（Cauchy）定理和泰勒（Taylor）定理；会求简单的最大值和最小值的应用问题；会用导数判断函数图形的凹凸性和拐点；会描绘函数的图形（包括水平和铅直渐近线）；会用洛必达（Lhospita）法则求不定式的极限；了解曲率和曲率半径的概念并计算曲率和曲率半径；了解方程近似解的二分法和切线法。

对该层学生提出的能力要求是：

（1）逻辑思维能力

会对问题进行观察、比较、分析、综合、抽象与概括；会用演绎、归纳和类比进行推理；能够准确、清晰、有条理地进行表述。

（2）运算能力

会根据法则、公式、概念进行数、式、方程的正确计算和变形；能分析条件，寻求与设计合理、简捷运算的途径。

（3）分析问题和解决问题的能力

能阅读理解对问题进行陈述的材料；能综合应用所学数学知识、数学思想和方法解决问题。

3. C 层学生教学大纲的确定

该部分学生基础差、底子薄，因此，对这部分学生的理论要求可适当降低。必要时可增加教学时数，速度不宜过快，可在需要时适当强化初等数学的知识。教学目标提出了以下两方面的要求：一是掌握基本的理论知识，二是可熟练应用这部分理论知识。因此，对该层学生我们的教学大纲相应地确定为：了解函数极值的概念，掌握用导数判断函数的单调性和求函数极值的方法；理解罗尔（Rolle）定理和拉格朗日（Lagrange）中值定理，了解柯西

(Cauchy)中值定理；掌握函数极值、最大值和最小值的求法；会用导数判断函数图形的凹凸性和拐点；会求函数图形的拐点和渐近线，会描述简单函数的图形；会用洛必达法则求极限；介绍相应的数学软件，并能够根据数学软件的特点制作相应的图形。

对该层学生提出的能力要求是：

(1) 逻辑思维能力

会对问题进行观察、比较、分析；会用演绎、归纳和类比进行推理。

(2) 运算能力

会根据法则、公式、概念进行数、式、方程的正确计算和变形；能分析条件，寻求与设计合理、简捷运算的途径。

(3) 分析问题和解决问题的能力

能阅读理解对问题进行陈述的材料；能有较强的操作能力。

4. 各层学生教学大纲的比较

(1) A 层与 B 层学生教学大纲的比较

我们从学生的能力要求来看，其区别主要在对实际问题的处理能力上，这个是和事先确定的各层学生的特点相符合的。从 A 层与 B 层学生教学大纲的比较中，可以看到对 A 层的学生处理实际问题的能力作了进一步的要求，对运算技巧方面作了更高的要求。

(2) B 层与 C 层学生教学大纲的比较

对 C 层的学生，我们强调的主要是根据具体情况让学生了解基本的数学知识，并且能够熟练地运用数学软件的知识进行计算和作图。对于他们，更强调的是实际动手操作能力，而对理论的知识要求要低一点。这在教学大纲和能力要求上面有所体现。

二、大中学衔接中的分层教学策略

中学的改革早在 2001 年就已经开始，而我们高等学校的改革还是停滞不前的，由于要改变课程内容“难、繁、偏、旧”和过于注重书本知识的现状，中学已经加入了很多大学的知识，并且作为基本的知识要求学生接受，这从高考试题中可以体现出来。以2007年四川省的高考试卷为例，大学的知识基本占到了30%左右。但是我们大学的教材还是沿用的十多年以前的教材，尽管版本有所变化，但是其具体的内容基本上没有什么变化。在这种情况下，怎样应对不同层次的学生，如何讲解相应的内容，是值得我们探讨的课题。朱莹（2005）通过做好学生学习习惯的培养、做好思想认识上的衔接、做好数学知识上的准备、做好学习方式方法上的衔接来说明了大中学的衔接问题。下面以中学中已经讲过的极限为实例，来谈谈各层学生在大中学衔接中的策略问题。

1. A层学生大中学衔接的策略

我们前面已经谈到，A层学生的基础很好，中学老师所讲的极限的计算同学们基本上都会，如果还是继续讲计算学生势必不愿意再听。因此，我们把讲极限主要确定在极限的理论上，用精确的“ε—δ”语言来描述极限。这个部分的理论性很强，内容很抽象，同学们不容易接受。为了不打击这部分同学学习数学的兴趣和热情，我们准备用问题驱动的理论引起学生的兴趣，进而和老师一起探讨极限的定义。

实例一：$1=0.999\cdots$是否正确？

谁都知道 $\frac{1}{3}=0.333\cdots$，而两边同时乘以3就得到 $1=0.999999\cdots$，可就是看着别扭，谁都知道这是因为左边是一个“有限”的数，右边是一个“无限”的数。

实例二：“无理数”是什么数？

我们知道，形如 $\sqrt{2}$ 这样的数是不可能表示为两个整数比值的样子的，它的每一位都只有在不停计算之后才能确定，且无穷无尽，这种没完没了的数，大大违背人们的思维习惯。

结合上面的一些困难，人们迫切需要一种思想方法，来界定和研究这种“没完没了”的数，这就产生了数列极限的思想。

设计意图：通过介绍以上两个实例引起学生的兴趣，使学生想了解到底什么方法可以解决这个问题，符合教育心理学中的问题驱动的原则。

类似的根源还在物理中体现（实际上，从科学发展的历程来看，物理可能才是真正的发展动力），比如瞬时速度的问题。我们知道速度可以用位移差与时间差的比值表示，若时间差趋于零，则此比值就是某时刻的瞬时速度，这就产生了一个问题：趋于无限小的时间差与位移差求比值，就是0÷0，这有意义吗（这个意义是指“分析”意义，因为几何意义颇为直观，就是该点切线斜率）？这也迫使人们为此做出合乎理性的解释，极限的思想呼之欲出。

设计意图：通过物理的实例可以同自身的专业联系起来，让学生认识到新知识同专业之间的联系，增强学习新知识的兴趣。

用描述法表示 $\lim\limits_{n\to\infty}a_n=A$ ，当 n 无限地接近 ∞ 的时候，a_n 就无限地接近 A。怎样来描述接近，进而怎样地描述无限接近（让学生回忆两个物体距离近怎么描述）？我们说距离近主要用作差看相差多少，这个相差可能是正数，可能是负数，也可能是零。而说它们很接近主要是看其绝对值是否满足你所期望的非常小的数。因此我们能够得到 a_n 就无限地接近 A，可表示为 $|a_n-A|$<一个你认为的很小的数。每个人所认为的最小的数都不相同，而且上面的式子是对所有人的很小的数都成立。因此我们找了一个字母来代替，即 ε 。

由于该层学生的基础比较好，因此我们只需要通过逻辑上的分析得出这个定义，并且同学生一起合作找出极限的定义。

即对任意的 ε ，都存在着一个 n，当 $n>N$ 时都有 $|a_n-A|<\varepsilon$ ，则称常数 A 是数列 a_n 的极限。也记为：$\lim\limits_{n\to\infty}a_n=A$ 。

最后再强调，所谓“定义”极限，本质上就是给“无限接近”提供一个合乎逻辑的判定方法和一个规范的描述格式。这样，我们的各种说法，诸如“我们可以根据需要写出 $\sqrt{2}$ 的任一接近程度的近似值”，就有了建立在坚实的逻辑基础之上的意义（此前，它们更多地只是被人“本能地”承认而已）。

2. B 层学生大中学衔接的策略

这部分同学的智力因素较好，但学习上不是很专心，知识面较广。针对这部分学生学习上不是很认真的特点，需要重新设计极限定义的讲法。如果按照 A 层学生的讲法，他们肯定不会认真听课，达不到所需效果。因此，对其运用的是先行组织者的原理。即在正式学习某项内容之前，先提供一些教学材料以增强新知识和学生已有知识间的联系。先行组织者可以以口语或书面语的形式呈现，但关键要使学生积极回忆已有的相关知识。

实例一：我国古代数学家刘徽（公元 3 世纪）利用圆内接正多边形来推算圆面积的方法——割圆术，设有一半径为 1 的圆，在只知道正多边形的面积计算方法的情况下，要计算圆的面积。这就是极限思想在几何学上的应用。那么对于这个问题我们怎么求解？我们来探求他的具体做法。

第一步：首先作内接正六边形，把它的面积记为 A_1；

第二步：再作内接正十二边形，其面积记为 A_2；再作内接正二十四边形，其面积记为 A_3；

循此下去，每次边数加倍，一般地把内接正 $6\times 2^{n-1}$ 边形的面积记为 A_n（$n\in\mathbf{N}$）。

第三步：得到的一系列内接正多边形的面积为：A_1，A_2，…，A_n，…，它们构成一列有次序的数，当 n 越大，内接正多边形与圆的差别就越小，从而以 A_n 作为圆面积的近似值也越精确。但是无论 n 取得如何大，只要 n 取定了，A_n 终究只是多边形的面积，还不是圆的面积。

第四步：设想 n 无限增大（记为 $n\to\infty$，读作 n 趋于无穷大），即内接正多边形的边数无限增加，在这个过程中，内接正多边形无限接近于圆，同时 A_n 也无限接近于某一确定的数值，这个确定的数值就理解为圆的面积。这个确定的数值在数学上称为上面这列有次序的数（所谓数列）A_1，A_2，…，A_n，…，当 $n\to\infty$时的极限。在圆面积问题中我们看到，正是这个数列的极限才精确地表达了圆的面积。

在解决实际问题中逐渐形成的这种极限方法，已成为高等数学中的一种基本方法，因此有必要作进一步的阐明。

同时我国古代著名的“一尺之棰，日取其半，万世不竭”的论断，就是数列极限思想的体现。

设计意图：通过问题引起学生的兴趣，在解决实际问题的过程中所运用的都是学生熟悉的知识，运用了先行组织者和问题驱动的原则，利于学生接受。

实例二：作图并讨论数列 $2, \frac{3}{2}, \frac{4}{3}, \cdots, \frac{n+1}{n}, \cdots$的极限。

要求一：分别以 n 当作横坐标，a_n 当作纵坐标作出图形。

要求二：在你作出的图形上作出直线。

提问：观察你所作的图形，从中可以看到什么样的现象。

从图中可以看到：当 n 无限增大时，动点（n，a_n）逐渐地接近于直线 $a_n = 1$，且随 n 无限增大，动点（n，a_n）与直线 $a_n = 1$ 的距离要多么小就可达到多么小，即：

$$\lim_{n \to \infty} \frac{n+1}{n} = 1$$

设计意图：学生对科学概念的学习不仅是重要的，而且是困难的。由于中学学生学习过数列极限的定义，现在相当于概念发生根本性的转移。在这种情况下，就需要重新建构概念。

当学生需要发生根本性的概念转移时，接受起来就比较困难了。我们的设计符合杜威的“做中学”的原理。

通过实例二将接近很容易和作差再取绝对值联系起来。再采用 A 层学生后面部分的讲法，既可以吸引学生注意，又可以把困难的定义介绍给学生。

3. C 层学生大中学衔接的策略

C 层学生的特点是数学基础薄弱，或学习数学没有主观的愿望。对该部分学生在这个定义上的要求要适当地降低，要采取同前两层学生不同的教学方式。首先要解决的问题还是学生兴趣的问题。

首先引入大家非常熟悉的诗《黄鹤楼送孟浩然之广陵》：“故人西辞黄鹤楼，烟花三月下扬州。孤帆远影碧空尽，唯见长江天际流。”在诗歌中体现数学的美，体现极限的思想，让学生理解“孤帆远影碧空尽，唯见长江天际流”这两句诗的极限思想。

设计意图：通过大家都非常熟悉的诗，让学生看到极限的思想无处不在，就算是在古人的诗歌里面都有所体现，进而引起学生的兴趣。

下面具体介绍数列极限的定义。在介绍过程中主要采用由浅入深，由已知到未知的思想。

步骤一：请根据下列各数列的前5项分析，求出各数列的通项公式。

（1）2，$\frac{3}{2}$，$\frac{4}{3}$，$\frac{5}{4}$，$\frac{6}{5}$，…；（2）0，$\frac{1}{2}$，$\frac{2}{3}$，$\frac{3}{4}$，$\frac{4}{5}$，…；（3）1，-1，1，-1，1…；（4）1，-4.9，-16，25，…；（5）1，2，3，4，5…。

以前研究数列都是研究有限项的问题，如求第几项，前多少项的和等。现在开始研究无限项的问题，然后提出研究无限项数列的几方面问题后，引导学生回忆数列是自变量为自然数的函数，通项公式就是自变量为 n 的、定义域为自然数的函数的解析式，再引导学生回忆研究函数，实际上研究的就是自变量由小到大的变化过程中，函数值变化的情况和函数变化的趋势。

请学生观察数列（1）～（5）（含通项公式），并描述每个数列的“变化趋势”。通过形象的观察得到一定的结论。

步骤二：写出数列极限的定义，给出名称，然后告以这样的“变化趋势”为越来越近的常数，就叫作数列的极限。

对任意的 $\varepsilon>0$，都存在着一个 N，当 $n>N$ 时，都有 $|a_n-A|<\varepsilon$，则称常数 A 是数列 a_n 的极限。也记为：

$$\lim_{n\to\infty}a_n=A$$

步骤三：让学生理解定义中的一些关键性内容。

理解一：“对任意给定的 $\varepsilon>0$”这句话的“任意”与“给定”这两个词是很深刻的，所谓任意是对极限全过程来说，ε 要取多小就可以取多小，不能有任何附加条件，即 ε 具有绝对任意性，这样才能有 a_n 无限趋近于 $|a_n-A|<\varepsilon$；所谓给定是对极限全过程的某个片断（瞬间）来说，ε 一旦给出就必须是一个给定的正数，即 ε 具有相对稳定性，从而不等式 $|a_n-A|<\varepsilon$ 表示数列 a_n 无限趋近于 A 的渐近过程的不同阶段，进而可估算 a_n 与 A 的接近程度。因此 ε 的这种两重性使数列极限的 $\varepsilon—N$ 定义从近似转化到精确，又能从精确转化到近似，这正是数列极限定量定义的精髓。

理解二：ε 具有二重性，既具有随意小的任意性，又具有很小正数的固定性。

因为 ε 可以任意小，所以才能由 $|a_n - A| < \varepsilon$ 来刻画 a_n 趋近 A 的变化趋势，由于 ε 的固定性，所以才能由 $|a_n - A| < \varepsilon$ 求得相应的时刻 N，从而由 $|a_n - A| < \varepsilon$ 来刻画 ε 与 A 的接近程度。

理解三："总存在正整数 N"是指一定存在或一定能找到正整数 N。根据什么去找 N，找出多大的 N 才符合要求呢？这全由所给的 ε 而定。如何以 ε 找 N，还得看定义中后面的一段话。

理解四：N 是由不等式 $|a_n - A| < \varepsilon$ 来确定，它与 ε 相关，有时记作 $N=N(\varepsilon)$。一般来讲，ε 越小，N 就越大，而且对应于 ε 的 N 不是唯一的，但这丝毫不会影响我们对极限的判断，因为我们所需要的是反映变化过程时刻的 N 的存在性，而不是它的唯一性。

步骤四：给出用定义的方法求数列极限的证明步骤。

第一步，给定任意正数 ε；

第二步，由 $|a_n - A| < \varepsilon$ 寻找正整数 N（这是关键且困难的一步）；

第三步，按照定义模式写出结论。

由于该层学生的理解能力和自身的基础较差，因此主要采用告诉学生定义，再给出解题步骤即可的模式。我们鼓励学生灵活运用，但是不作更高的要求。

对于该层的学生力求从基础抓起，可适当放慢速度，把有限的学时多投入动手计算上。要求学生先知其然，再知其所以然；先学会怎么做，再明白为什么这么做，使学生能学得懂，弄得通，感到学会有望。不然的话，理论上讲得很多，但学生并非全部领会，道理似懂非懂，计算似会不会，就好像煮了一锅夹生饭，既浪费了宝贵的学习时间，又打击了学生学习的积极性。

第四节　高等数学分层教学法评价

20 世纪是世界高等教育迅速发展和变革的时期，也是高等教育质量备受关注的时期。两者的重合并非偶然，在某种意义上，正是高等教育的规模扩大引发了人们对高等教育质量的诉求，而且随着高等教育规模的扩大，随着大众化和普及化程度的加深，质量问题必然成为高等教育发展的重要主题。如今我们的高等教育已经不再是单一的精英教育，而是一个多样化的系统。这种多样化不仅表现为扩大了的规模和多样化的入学标准，还表现为高等教育机构的多样化和质量标准的多样化。

从20世纪70年代开始，教育评价的学者们从另一个方面对30年代以来的评价模式进行了反思。他们认为，以往的评价只是注重学习的量的方面而忽视了学习的质的方面，进而要求从质的方面来评价学生的学习效果。到了20世纪80年代以后，人们更进一步认识到，学习的质量不仅反映在学习的效果上，也反映在学习的过程中，学生投入学习时的动机和他所采取的策略以及获得的学习效果是三位一体的。评价不仅应关注学习的效果，还应关注学习的状态动机和方式过程。学生在学习过程中表现出来的动机和情感态度、学生在学习中所采用的学习策略，都是学习过程中的动态表现，采用以往的终结性评价或传统意义上的形成性评价都很难加以测量和评价，而需要在学习过程中同时了解反映学生学习质量的资料并加以评价，即过程性评价。过程性评价在学习过程中进行，它注重评价过程和学习过程的融合。

一、传统的教学评价的不足

所谓教学评价就是指按照一定的教学目标，运用科学可行的评价方式，对教学过程和教学成果给予价值上的判断，从而为改进教学、提高教学质量提供可靠的科学依据。

就高校来说，在教学评价方面仍然是检查学生对高等数学知识、技能的掌握情况，而对学生掌握高等数学知识、技能的过程、方法，情感、态度等方面有所忽视。在高等数学分层教学中对学生的评价，很多院校往往以传统的纸笔测试为主。虽然有些院校采用不同试卷或在同一试卷后加一些题目来体现“分层”，但是，最终的评价都以是否能够通过期末考试作为指标，而忽略了对学生学习态度、学习方法等其他方面的评价。在评价主体方面，基本上是以教师为主，而作为学习的主体——学生，却无权参与。这种评价方式使学生丧失了自我反思、自我教育、自我发展的机会。这种评价方式已经不适合分层教学模式。因此，我们提出了对学生实行分层评价。

分层评价是在分层教学过程中针对不同层次的学生，提出不同层次的评价要求、采用多样的评价方式，让学生参与到评价过程中。

在分层评价的界定中不难看出，分层评价和以前的评价不相同。评价的主体由原来的教师转变为让学生融入评价中来；评价的方式不再采用单一的纸笔测试，而是将学生学习的过程一并考虑进来。

二、分层评价的原则

（一）发展性原则

发展性是教学评价最重要的特征。所谓发展，指的是教学评价要改变统一的过分强调评价的甄别与选择的功能，发挥促进学生发展的功能。教学评价不仅要关注学生的现实表现，更要重视全体学生的未来发展，重视每名学生在本人已有水平上的发展。新课程所需要的教学评价应该承认学生在发展过程中存在的个性差异，承认学生在发展过程中存在的不同发展水平，评价的作用是为了促进每名学生在已有水平上不断发展。为此，教学评价应从评价学生的“过去”和“现在”，转向评价学生的“将来”和“发展”。在教学评价中，应对学生过去和现在做全面分析，根据他们过去的基础和现实的表现，预测性地揭示每名学生未来发展的目标，使他们认识自己的优势，激励他们释放自己的发展潜能，通过发展缩小与未来目标的差距。在评价中主张重视学生学习态度的转变、重视学习过程和体验情况、重视方法和技能的掌握、重视学生之间交流与合作、重视动手实践与解决问题的能力，归根结底是重视学生各种素质尤其是创新精神和实践能力的发展状况。

（二）多元化原则

多元化指的是评价主体的多元化和评价内容的多元化。评价包括教师评价、学生自评和互评、学生与教师互动评价等，提倡把学生小组的评价与对小组中每名学生的评价结合起来，把学校评价、社会评价和家长评价结合起来。教学评价不再是评价者对被评价者的单向刺激反应，而是评价者与被评价者之间互动的过程，其中，评价活动的重点环节是学生自评。学生应该是主动的自我评价者——通过主动参与评价活动，随时对照教学目标，发现和认识自己的进步和不足。评价成了学生自我教育和促进自我发展的有效方式。

就评价内容而言，分层教学需要的教学评价要求既要体现共性，又要关心学生的个性；既要关心结果，又要关心过程。评价注重的是学生学习的主动性、创造性和积极性。评价可以是多角度的，评价关注的是学生在学习过程中的表现，包括他们的使命感、责任感、自信心、进取心、意志、毅力、气质等方面的自我认识和自我发展。评价学生的学习不再仅仅依靠成绩测验，还包括了对和学生学习有关的态度、兴趣、行为等的考查。用一句话说，就是以多维视角的评价内容和结果，综合衡量学生的发展状况。

（三）多样化原则

多样化指的是评价方法和评价手段的多样化，即评价采用多种评价方法，包括定性评价、智力因素评价与非智力因素评价相结合等。在教育评价的方法上，一直存在着两种不同的体系：一种是实证评价体系，另一种是人文评价体系。与此对应，也存在着两种不同的运作模式：一种为“指标—量化”模式，另一种为“观察—理解”模式。两种体系和模式各有其优势，也都存在着局限性。分层教学模式所需要的教学评价要汲取上述两种方法论体系的优点，使之相互配合，互相借鉴，分别应用于不同的评价指标和评价范畴。评价方法应该是：可以量化的部分，使用“指标权重”方式进行；不能量化的部分，则应该采用描述性评价、实作评价、档案评价、课堂激励评价等多种方式，以动态的评价替代静态的一次性评价，视“正式评价”和“非正式评价”为同等重要，把期末终结性的测验成绩与日常激励性的描述评语结合在一起，而不是把教学评价简单理解为总结性地“打分”或“划分等级”。

（四）全面性原则

全面性是分层教学所需要的教学评价的另一个重要特征。所谓全面性，指的是教学评价必须全面、全员和全程（课程和过程）采集与利用学生各种素质培养及各种技能发展有关的评价信息，全面地反映学生的全部学习、教育的动态过程。全面性强调教学评价的整体性与动态化，旨在把传统的诊断性评价、形成性评价和终结性评价有机结合为一个整体运动过程。因此，教学评价是在一定的时域内，结合诊断性评价、形成性评价和终结性评价三种形式的评价，不断地循环反复，动态地监控学生接受教育的全程，把握新课程教育和全体学生各种素质发展的整体状况。新课程下的教学评价把教学过程与评价过程融为一体，最大限度地发挥了评价对于教学活动的导向、反馈、诊断、激励等功能。评价的信息来源不再仅仅局限在课堂，而是拓展到了学生各种发展的培养空间，包括课堂教学、课外活动和社会实践等。评价也不再仅由教师通过课堂内外的各种渠道采集学生素质发展的信息，而是设计各种评价工具，鼓励学生主动收集和提供自我发展的评价信息。

三、高等数学评价的具体方法

分层次教学几年的实践告诉我们，在分层次教学的具体实施过程中绝对不能忽视学生的主体地位。用考试成绩简单地一刀切来划分学生的做法不利于调动学生学习的积极性，也不符合因材施教的原则。我们在分层教学的初期基本采用的还是原来的评价方式，这带来了很多的消极影响。因此，我们正在尝试用其他的评价方式，旨在调动学生学习的积极性，体现因材施教的原则。当然，这种做法还在筹划阶段，还没有正式地实行，中间存在的问题还不是很明了，下面主要谈一下具体做法。为了体现评价方式的多样性，我们采用了灵活多样的测试。从操作性上来看，我们准备采用的是联机考试和抽签考试。

①联机考试。高等数学开设实验课，采用实验课联机考试。考试的主要内容是各章的基本概念、基本知识、基本方法及实验课的基本操作等，试题以客观的形式出现，考试需 20 分钟，主要考查学生对基本内容掌握的情况，记入成绩。每次联机考试分数记入总成绩。

②抽签考试。主要针对实验课学习的内容和需要大量计算的内容进行，我们准备好本学期实验课所学内容的题签若干，学生利用本学期实验课所学的方法、命令来完成各种符号运算和数值运算。高等数学的考试内容包括求极限、导数、微分、积分、微分方程等；物理系学生的考试内容还包括矩阵的运算、行列式运算、求解方程组、求特征值与特征向量等。学生利用实验

课 10~15 分钟的时间抽签答题。将题签标号和试题答案写在实验报告考试栏内，由教师批阅。根据课程性质不同，各章进行考试次数不一，高等数学一般是在最后一次实验课进行，可根据内容记入总成绩。

从能力方面来看，我们采用的是撰写小论文的形式。

（一）高等数学的能力考试

论文考试。通过对数学课一段时间的学习以后，为使教师及时了解学生学习数学的思想状态，对学习数学的认识以及在学习中遇到的困难，采取让学生写论文的方式，教师每个班准备 20 个数学建模题目，让学生自主合作写出建模的论文。当然，学生也可以自己选择一定的题目来进行论文撰写。在写作的过程中强调格式和论文的写作步骤。论文考试，记入总成绩。

（二）高等数学的期中和作业评价

①期中考试。期中考试是对学生前半学期学习成绩的检验，也是对学生学习的督促，尤其是高等数学是学生入大学后第一学期的课程，许多学生还没有适应大学的学习方式，实行严格的期中考试，能够使学生根据自己的情况及时调整学习方法，抓紧后半学期的学习，期中考试记入总成绩。

②作业评价。把平时的作业分为两部分，一部分为基础练习，包括基本概念、基本运算、基本应用等，教师为学生准备统一的作业本，并随时进行批阅；另一部分为简单的应用或建模作业，如实际问题的解决、数据的调查等。根据学生的调查、设计和所给出的结论给予一定的平时成绩，两者记入总成绩。

四、高等数学的评价模型

在实践过程中，我们主要运用了模糊数学的知识对学生进行评价。在评价中所采用的算子是 Zadeh 提出的一个算子，这个算子在综合评价中的应用已经凸显了它的优势。它的合理性已经在实践中得到了检验。这个评价体系在满足传统的基础上，进行了扩展。

（一）建立测评系统

设一级因素为学习效果、学习态度和学习方法 3 个，二级因素共 9 个

(见表4-1)。

表 4-1 高等数学成绩评定系统

一级因素	二级因素
学习效果 U_1	期末考试 U_{11}
	上机考试 U_{12}
	课程小论文 U_{13}
	平时作业 U_{14}
学习态度 U_2	学习动机 U_{21}
	学习兴趣 U_{22}
	学习认识 U_{23}
学习方法 U_3	自学 U_{31}
	听课 U_{32}

我们建立的评价集和权重集是按照以下的标准进行的。U_1 和 U_2 的评价集为$\boldsymbol{V}'${分数值}。U_3 的每个测评的评价等级为:$\boldsymbol{V}=\{V_1, V_2, V_3, V_4, V_5\}=$ {好,较好,中,合格,好},各测评因素的权重矩阵为:(0.5,0.2,0.3)。

为保证测评的科学性和合理性,获得全面地反映学生实际情况的信息,同时给学生进行自我小结的方式,找出差距,故设方式集为:$\boldsymbol{F}=$ {本人自评,同学互评,教师评价},$\boldsymbol{F}$ 上的权重矩阵为 $\boldsymbol{M}=(0.2, 0.3, 0.5)$。

(二)测评的数学模型

第一步:设给定的一个模糊评价等级矩阵 $\boldsymbol{R}=(r_{ij})_{n\times m}(0\leqslant r_{ij}\leqslant 1)$ 的一个模糊权数向量 $\boldsymbol{A}=(a_1, a_2, \cdots, a_n)$,$0\leqslant a_{ij}\leqslant 1(i=1, 2, \cdots, n)$,则算子⊗为:

$$B'=\boldsymbol{A}\otimes\boldsymbol{R}=(a_1, a_2, \cdots, a_n)\otimes\begin{bmatrix} r_{11} & r_{12} & \cdots & r_{1m} \\ r_{21} & r_{22} & \cdots & r_{2m} \\ \vdots & \vdots & \vdots & \vdots \\ r_{n1} & r_{n2} & \cdots & r_{nm} \end{bmatrix}=(b_1', b_2', \cdots, b_m')$$

其中,$b_j'=\bigwedge\limits_{i=1}^{n}(a_i, \wedge r_{ij})$ $(j=1, 2, \cdots, m)$。符号 ∨ 为取最大运算符号,∧ 为取最小运算符号。下面主要以学习方法为例来看基本的做法。

学习方法先确定本人自评和教师评价的测评矩阵,在这个矩阵中主要采用 0，1 集；再确定同学测评矩阵。同学测评矩阵的确立可以如下：先确定由哪些同学进行测评（主要考虑的是班干部，并且如果自己是班干部则由其余的班干部进行测评），被选中的同学就该同学的情况分别投票，确定是好、较好、中、合格、差中的哪一个，再测算出投票中各等级的比例。上面确定出的三个矩阵分别乘以它们的权重得到最后的测评矩阵。下面由学习方法的具体实例来说明计算方法。假如同学互评由 8 名同学评价（见表 4-2）。

表 4-2　学习方法实例

学习方法	二级因素	学生自评	同学互评		教师矩阵评价
			评价等级	测评矩阵	
	自学情况	01000	23300	0. 250 0. 375 0. 375 0 0	01000
	听课情况	10000	14300	0. 125 0. 500 0. 375 0 0	01000

$$0.2\times\begin{pmatrix}01000\\10000\end{pmatrix}+0.3\times\begin{pmatrix}0.250\ 0.375\ 0.375\ 0\ 0\\0.125\ 0.500\ 0.375\ 0\ 0\end{pmatrix}+0.5\times\begin{pmatrix}01000\\01000\end{pmatrix}$$

$$=\begin{pmatrix}0.10\ 0.75\ 0.15\ 0\ 0\\0.15\ 0.70\ 0.75\ 0\ 0\end{pmatrix}$$

设自学情况和听课情况所对应的模糊权数向量为（0. 4，0. 6），则根据前面的计算公式容易得到：

$$\boldsymbol{B}'=(b_1',\ b_2',\ b_3',\ b_4',\ b_5')=(0.4,\ 0.6)\otimes\begin{pmatrix}0.10\ 0.75\ 0.15\ 0\ 0\\0.15\ 0.70\ 0.75\ 0\ 0\end{pmatrix}$$

$$=(0.15,\ 0.6,\ 0.6,\ 0,\ 0)$$

第二步：对 B′做归一化处理。

设 $b'=b_1'+b_2'+b_3'+b_4'+b_5'=1.35$，得到 $b_j=\dfrac{b_j'}{b''}$。

$b_1=\dfrac{0.15}{1.35}$，$b_2=\dfrac{0.6}{1.35}$，$b_3=\dfrac{0.6}{1.35}$，$b_4=b_5=0$。

则相应的 $B=\left(\dfrac{0.15}{1.35},\ \dfrac{0.6}{1.35},\ \dfrac{0.6}{1.35},\ 0,\ 0\right)$，且有 $\sum\limits_{j=1}^{5}b_j=1$。

第三步：计算相应的分数值。学习方法的分数计算为：

$$R_2=(b_1, b_2, \cdots, b_5)\begin{pmatrix}90\\80\\70\\60\\50\end{pmatrix}=90b_1+80b_1+70b_3+60b_4+50b_5$$

经四舍五入保留两位小数为：

$$R_2=90\times\frac{0.15}{1.35}+80\times\frac{0.6}{1.35}+70\times\frac{0.6}{1.35}+60\times 0+50\times 0=76.67$$

通过以上的方法计算出了学习方法所对应的分数。

相对应地，对于 U_1 和 U_2，直接用它们的分数集乘以它们相对应的权重就可以得到学习效果和学习态度对应的分数，分别记为 R_1 和 R_2。

第四步：总成绩的计算。

根据前面给出的权重不难得到总成绩的计算公式如下：

$$\text{总成绩}=0.5R_1+0.2R_2+0.3R_3$$

从以上的计算方案可以看到通过模糊数学中的综合评价方法进行成绩的评价，比传统的简单地定性的或者定量的方法更具有科学性。这种方法既考虑到学生的自身情况（增加了学生的自评），又考虑到了多样性原则。这个模型看上去复杂，但是整个数学模型完全可以建立在计算机上，由计算机完成计算的整个过程，当然还需要编写一定的程序。

（三）测评数学模型的不足

首先，建立指标体系之后，根据被评对象所处的教育环境及其综合素质状况，确定具体指标体系，对一级、二级因素集的确立在操作上可行，但是还有很多因素没有考虑进去，比如想象能力、思维能力、意志品质、挫折承受力等，这方面还有待进一步完善。在确定因素集的时候没有采用专家调查法，使各专家对各级指标的选择趋于一致，这也是我们今后需要改进的一个方面。

其次，测评的权重只是在摸索中根据我院教师的经验所得到且在近期使用的，满足指标的权重确定的四种方法中的个人经验法，但是这个权重的确定是否合理还需进一步的讨论。

最后，分值的计算比以前复杂得多，需要编写计算机程序或在对计算机的 Excel 表格中输入大量的数据建立链接才可以计算出来。这个对计算机的要求比较高，因此，导致这种方法的推广方面有所欠缺。

第五节　高等数学分层教学法成效及不足

一、分层教学的成效

分层教学取得了一定的成效，对学生学习成绩的比较应该针对同一份试卷，在同等条件下进行，但是由于学校规定，考试题三年内不能重复，因此对 2021 级和 2022 级学生成绩的比较，采用两份不同的试卷进行，从理论上考虑，价值较小。但是，虽然考卷不同，考试题目的类型和难度系数基本相同，也具有一定的可比性。下面附上 2021 级和 2022 级第一期成绩的比较（见表 4-3）。

表 4-3　2021 级与 2022 级第一期成绩的比较

年级	优秀率	优良率	中	及格	不及格	平均分
	90 以上	80~89	70~79	60~69	60 以下	
2021	11. 33%	21. 77%	13. 21%	20. 18%	33. 51%	65. 7
2022	12. 19%	21. 35%	18. 26%	25. 5%	22. 7%	72. 3

从表 4-3 不难看出，两届学生各学期的优秀率差异较小，但不及格的比率大幅下降，说明通过分层次教学，使一些对数学学习没有信心、失去学习兴趣的学生达到了教学大纲的要求，效果还是比较明显的。实验最大限度地考虑学生的个性差异和内在潜力，较好地处理了面向全体与照顾个别的矛盾，充分体现了因材施教的原则，较好地解决了大学生数学学习两极分化的矛盾。

从学生的访谈结果来看，以前由于学生不适应大学数学的学习节奏和学习方法，随着数学学习难度的上升，学生对数学的学习兴趣越来越低；2015 级以后的学生对分层次教学的认可度越来越高，适应数学学习的能力和学习数学的信心也大大地提高和增强。

实践证明，“分层次教学”保证了面向全体学生，因材施教，做到了“优等生吃得饱，中等生吃得好，差等生吃得了”，同时，减轻了学生的课业负担，是全面提高教学质量和实施素质教育的行之有效的途径。

二、分层教学的不足

从学校方面来看，分层次教学采用同一年级教师几乎同时上课，且新生一开学就要进行高等数学的学习的方式，这就涉及教务处、各个系部及新生多方面。由于学生多，因此安排起来特别困难，这需要各方面的密切配合，统一协调，才能完成。由于将原班级打乱，对学生管理的难度加大。因此，实施分层次教学的首要前提是取得各相关部门的大力支持。

从教师方面来看，由于同一年级教师几乎同时上课，这就使老师通过互相听课的方式达到学习、交流的目的变得相当困难。我们还应该关注如何减少甚至消除这些不利因素给教师队伍建设带来的影响。

高等教育大众化可以说是从古至今人们的梦想。到如今，我们的高等教育终于走向了大众化。这势必引发“英才”教育和“大众化”教育从教育思想到教育实践一系列矛盾的碰撞。“高等数学”分层次教学就是在这时提出来的。其坚持以学生为本的宗旨，承认学生的个性差异，并按学生实际学习程度和能力进行因材施教，对不同层次采取不同的教学方法、教学手段，构建新的课程体系，强调以最基本的数学知识为主干，由浅入深地螺旋上升的学习过程。虽然，分层次教学试验方案的设计存在不足，特别是各教学层次基本知识、数学能力、数学思想方法等教学目标的设计是一个逐步完善的过程；进行的教学实验也处于初级经验总结阶段，存在一些不规范的地方。但是，分层次教学试验显示，“高等数学”教学质量得到提高，特别是在提高学生的学习兴趣，增强学生学习数学的自信心等方面的作用是明显的。因此，在高师院校“高等数学”教学中具有推广价值。

总之，分层次教学改革是对现代教育理念下学分制的完善和补充，是对现有教学软、硬件资源相对不足的情况下与学分制的有机结合，是使每名学生都得到激励，提高学生学习数学的积极性，促进包括基础较差学生在内的所有学生发展的有效措施。通过“高等数学”的分层次教学改革试验，最终目标是使大部分学生欣赏数学，获得高级思维的享受；一部分学生能利用数学作为解决问题的工具，解决各行各业中的数量问题，使数学成为他们未来工作中的利器；还有少部分学生通过学习，进入数学创新领域，为社会发展做出更大的贡献。

第五章　高等数学探究式教学模式与方法

探究教学思想自古有之，如中国古代孔子的“启发式教学”以及古希腊的苏格拉底（Socrates，公元前469—399年）的“产婆术”。但理科课程的出现则是19世纪后的事情，所以，这里我们所讨论的教育家的探究教学思想是从欧洲早期教育家们的工作谈起的。

第一节　探究式教学概述

经历资本主义生产方式以后（18世纪发生了以蒸汽机为代表的第一次技术革命），在19世纪，科学成果已经是硕果累累。恩格斯在19世纪中叶总结这段历史时曾指出，“科学的进步已经超过了17世纪之前人类所有知识的总和”。

进入19世纪，随着科学技术的发展，许多西方国家社会制度都发生了深刻的变革，逐步开始重视教育问题。以英国为例，资产阶级革命开始后，国家仍然不过问教育，直到1806年有人提出议案，建议国家设立学校，并且管理这些学校。这是英国国会第一次讨论国民教育问题，但这个议案没有得到实施。1833年，相关的议案才被通过和实施，这是教育由国家管理的开端。随着产业革命的发展，社会迫切需要劳动者掌握一定的文化与科学技术，从而现代教育制度逐步建立起来。

在现代教育制度中，基于中世纪的教会学校和文艺复兴时期古典文科体系逐渐让位于基于对当时实际关注的体制，理科教育在与古典教育、宗教教育长期的较量中逐步壮大，由于西方国家工业化程度越来越高，科技知识呈现新的重要性，认为学校课程应包括理科的呼声日益高涨。在19世纪中叶，西方国家普遍开展了理科教育。

一、探究教学的概念及发展

（一）理科课程形成前教育家们所提及的探究教学思想

19 世纪中叶以前的课程在初级水平阶段主要包括阅读、写作和算术，在高级水平阶段主要包括古典文学和语言。教学方法是权威性的，对个人的表现或者独立思考几乎没有留余地。在教授理科时，往往只提供一本教科书，采用的方法也是历史延续下来的传授神学的方式。在这种方式中，科学被认为是神灵对世界运行机制的解释。

那些认为学校课程应包括理科的人士寻找到了一些事例来证明理科至少与较传统的课程同样重要，并积极倡导采取新的教育方法。欧洲教育家作为一个群体，他们更强调以学生为中心的教学方法，认为对学习者来说应是以感性知识为基础的独立积极主动的思考，而不是被动的角色。这些方法是反权威的，并强调个人独立理解世界的权利，而不是通过教授权威人士所阐释的神圣教条的方式来进行。他们的这些理念为包括理科在内的学校课程指明了道路，对理科教学的发展起到了积极作用。

提倡经验调查和实践学习的教育形式的先驱之一，是 17 世纪的教育家夸美纽斯（John Amoes Comenius，1592—1671 年）。他著的《世界图解》（*Oribs Sensualium Pictus*）是一本附有插图的儿童教材（插图被认为是对自然世界的展现），有人认为他是通过这本书把理科学习引入课堂的第一人。尽管这本书并没有形成实质的理科课程，但确实包含了许多科学主题。他认为人的思想源于经验并应该把孩子周围自然环境中的物质展示给他们。

17 世纪英国的经验主义者约翰·洛克（John Locke，1632—1704），同夸美纽斯一样，认为我们所有的思想都来源于经验，并且当思想和具体的客观现实相一致时就是正确的。

在 19 世纪早期，受让-雅克·卢梭（Jean Jacques Rousseau，1712—1781）思想的影响，瑞士教育家约翰·裴斯泰洛齐（Johann Heinrich Pestalozzi，1746—1827）大力宣扬实物教学（Object Lessons）。卢梭认为以一种与孩子的思维发展一致的方式学习自然现象，会产生以前权威教学方法所不能达到的效果。与卢梭如出一辙，裴斯泰洛齐也支持教育要采用非权威的方式，他认为教育的目的是独立自我活动的发展，这种目标要使学生通过主动调查和实验而不是通过教师权威讲授的方式来学习自然世界。教师的责任是确定学生们在不同认识阶段的理解力，适时地把实物展示给学生，导致有意义的学习发生和学生的心智得到发展。

19 世纪早期，另一位欧洲教育家约翰·赫尔巴特（Johann Friedrich Herbart，1776—1841），强调观念联结的重要性和让学生们发现观念的联结而不是直接提供给他们这些内容，如果学生自己发现概念间的联结，那么他们的理解力将更加丰富和有意义。

另外，弗里德里克·福禄培尔（Fredrich Froebel，1782—1852）也强调要尊重孩子的个性和活动的天性。他认为教育的目的是通过对自然世界的学习把孩子的精神和神联系起来。在他的学校，教师积极利用自然物体、讲故事和合作性的群体活动等方式来展开教学，构成其教育实践的基础是对个人第一手经验的尊重。

（二）斯宾塞的理科课程体系与探究教学思想

赫伯特·斯宾塞（Herbert Spencer，1820—1903），英国哲学家、社会学家和教育家，是近代理科教育运动的倡导者，对传统教育的内容与方法进行了猛烈的抨击，为理科教育发展做出了卓越的贡献。

斯宾塞继承与发展了法国思想家孔德（Augste Comte，1798—1857）的实证主义。孔德认为，神学阶段的神或者精神的力量、形而上学阶段看不见的东西都是无法观察的，只有到了实证阶段，人们才达到更为纯粹的理解，相信的是可证实、可测量的现象。斯宾塞在教育论中运用他的“综合哲学”对教育的目的、任务、内容和方法等提出了一系列见解。

1. 理科课程体系的构建

斯宾塞认为，19 世纪的年青一代所学的，并不是生活在一个不断增长的工业化社会所需要的最重要的知识。那些曾经创造出世界上伟大的工业化国家的重要知识正在被忽视，当时学校教的内容是纯粹的死的东西。学校教育华而不实、本末倒置的情况很严重。

在他的著作《教育论》的第一章“什么知识最有价值”中，斯宾塞根据人类完美生活的需要，按照知识价值的顺序，把普通学校的课程体系分为五个部分：

第一，生理学和解剖学。这是关于阐述生命和健康规律，使人具有充沛、饱满的情绪，以便直接保全自己的科学。

第二，语言、文学、算学、逻辑学、几何学、力学、物理学、化学、天文学、地质学、生物学和社会学等。这些是与生产活动和社会直接相关的科学。

第三，心理学和教育学。这是关于履行父母责任必须掌握的知识。

第四，历史学。这是为履行公民的责任必备的知识。

第五，自然、文化和艺术，这些是为了欣赏自然、文学和艺术的各种形式做准备的知识。

斯宾塞的课程体系，内容比较广泛，以自然科学知识为重点，且注重对人生的实际用途。极大地冲击了英国传统的只追求“虚饰”的课程体系。

2. 探究教学思想的建立

斯宾塞相信学习科学有利于人的智力发展。从对自然界的观察中得出结论的能力，直接来源于所接触的物质环境。斯宾塞提倡把实验看作学生接触物体的一种方法。直接与真实世界相接触，会比只靠抽象口头描述更能使学生获得精确的智力发展。练习从观察中得出结论会培养学生的概括能力，斯宾塞把它称为“判断”。他指出：“只对字面意思的理解不能形成正确的因果推理。那种不断从资料中得出结论，然后通过观察和实验来验证结论的习惯才能做出正确的判断。这种习惯是科学重要的优点之一，而且是必要的。”

在教学过程中，他认为，首先要遵循一定的次序：第一，知识的传授应从简单到复杂。第二，概念的形成应从模糊到清晰，从不正确到正确；教学内容的排列应先是粗糙的概念，然后是确切的概念和科学公式。第三，从具体到抽象，教师讲授时，从具体实例开始，逐渐进行抽象概括，强调实物教学。第四，从实验到推理，教学中学生仿佛重演人类掌握知识的次序，先观察、实践、再归纳、推理。因此，教师要重视培养学生的观察能力。

其次，在教学过程中，要实现学生自我教育，反对死记硬背的方法。他认为，科学知识只能通过学生的自我主动性，通过第一手材料和亲自动脑发现才能真正掌握。因此，“给他们讲的应该尽量少些，而引导他们去发现的则应该尽量多些”。

“人类完全是从自我教育中取得进步的。”他指出，把教育作为一个自我演化的过程有三个好处：第一，它可以保证学生获得知识的鲜明性和巩固性，知识是由他亲身获得的，就会比通过其他途径所获得知识更容易内化；第二，这种做法容易使知识转变成能力；第三，它有利于学生勇于克服困难、不怕挫折等优良性格特征的形成。

在教学过程中，斯宾塞积极提倡用探究的方式来学习，认为学生的学习应该是个重视理解的过程，“死记硬背的制度，同那时的其他制度一样，重视的是形式，而不注重所标志的事物。只求把字句重述对，全然不管了解它们的意义，为了词句牺牲了内容”。

最后，在教学过程中，斯宾塞强调培养学生的兴趣。“教师要注意引起学生的兴趣，如果硬教给他们一些不感兴趣的和不易理解的知识，就会使他们对知识产生厌恶感。教学方法也应引人入胜，使知识学习成为快乐的事情。”

3. 教育思想简评

斯宾塞把他自己的哲学叫作综合哲学，认为重点在于把个别科学所得到的真理融合为一致的体系。他的教育理论是以其哲学思想为指导的产物。“斯宾塞对于知识的概念的理解是以他哲学的第一原理为根据的，他通常是从他的第一原理推出结论。而科学的方法是归纳的，从实验进行推论，仅仅把理论作为假设，斯宾塞的推理正与此相反。”

斯宾塞受到了功利主义的影响，同时自己提出了社会进化论，并把二者结合起来，形成了自己的哲学思想体系以及教育理论。

18 世纪末以来，人们赋予教育以不同的功能，认为教育不仅能解决各种社会问题，而且是实现社会公平、民主，保证社会繁荣与发展的工具。到了 19 世纪，这个观点日益突出，人们认为普及教育是国家建设、政治民主以及经济发展对劳动力素养要求提高的必然结果。当时人们普遍从政治、经济功用的角度论述普及教育的合理性和必要性。

功利主义是杰里米·边沁（Jeremy Bentham，1748—1832）提出的，核心观点是“最大多数人的最大幸福是正确与错误的衡量标准”，其学生穆勒（John Stuart Mill，1806—1873）同意他的上述观点，但边沁以自利为基础，而穆勒则以人类的社会感情为基础，即和其他同胞和睦相处的愿望，从而将个体道德理论扩展到社会伦理领域。

斯宾塞继承与发展了功利主义的以福利和快乐为宗旨的思想，教育要担此重任，传统的古典、修饰性的教育内容是不合适的。“什么知识最有价值，一致的答案就是科学。这是从各方面得来的结论。为了直接保全自己或维护生命和健康，最重要的知识是科学。为了那个叫作谋生的间接保全自己，有最大价值的知识是科学。为了完成父母的职责，正确指导的是科学。为了解释过去和现在的国家生活，使每个公民能合理地调解他的行为所必需的不可缺少的钥匙是科学。同样，为了各种艺术的完美创造和最高欣赏所需要的准备也是科学。而为了智慧、道德、宗教训练的目的，最有效的学习还是科学。”

斯宾塞从“什么知识最有价值”这一问题出发，首先从科学知识对人类各项主要活动的指导作用方面论证了科学知识的价值，然后针对当时只有古典文学课程具有不可替代的智力训练功能的观点，详细地论证了科学知识在训练人类智力方面的价值。斯宾塞在详尽地论证了科学知识在人类各项主要活动以及智力训练中的作用后，提出了他的以理科为主的课程体系，对于以古典人文主义为主要教学内容的传统教育来说，这个课程体系无疑是场革命，它冲破了以装饰主义为主要特征的传统教育的习惯势力，使理科占据了课程的中心，改变了长期以来学校课程与社会实际需要相脱节的严重弊端，这对于英国后来的课程改革无疑起了积极的作用，斯宾塞也因此在英国教育思想发展史上占据了重要地位。

斯宾塞从功利的角度出发论证了科学的价值，认为社会是具有一定结构或组织化的系统，社会的各组成部分以有序的方式相互关联，并对社会整体发挥着必要的功能。所以美国社会界认为他是功能主义的创设人。

进化论是斯宾塞教育理论的基础。他的进化论与我们所知道的达尔文（Charles Robert Darwin，1809—1882）进化论有所不同。他的《教育论》中的4篇文章《智育》《德育》《体育》《什么知识最具有价值》先后发表于1854年、1858年、1859年和1859年，而达尔文的进化论发表于1859年。

关于进化的原因，斯宾塞不同意达尔文的观点。他曾批评达尔文忽视拉马克（Lamarck）的观点。拉马克认为外界环境作用于生物，生物把它们的功能和结构适应外界环境，这种适应世代相传。斯宾塞采纳拉马克所提出的生物学原理，所以，斯宾塞不是一个达尔文主义者。

斯宾塞所谓的进化和运动并非指事物内部矛盾所推动的发展，而是指外力的推动。他之所以肯定宇宙万物普遍进化，也并非肯定矛盾普遍存在，不是承认任何事物都包含着作为其发展动力的内部矛盾，而是认为在它们后面有一种神秘的"力"在起作用。是由于这种"力"永恒存在，才产生普遍和永恒的进化。所以斯宾塞是一个形而上学的外因论者，他的理论是庸俗的进化论。直到《物种起源》发表后，斯宾塞才改变了一直认为有机体进化的唯一原因是功能所产生的变化的遗传的看法。

《智育》标志着他所提倡的进化论的一个阶段。他认为，从教育的生物学方面来看，可以把教育看作一个使有机体的结构臻于完善并使它适合生活的过程。每学一堂课，每做一件事，每一次观察，都包含着一定的神经中心的某种分子的重新安排。所以教育不仅通过练习使各种官能适合它们在生活中的功能，而且能让受教育者获得用于指导的知识，从生物学的观点来说，都是结构对功能的调节。《智育》一文中提出的许多原则，即以此为其理论基础。

进化论思想在《德育》这一章也作为儿童道德教育的理论基础。"这些指导原则充分表明道德教育如何可以完全理解为情感的性质的演进过程的终结——这个过程，在将来和在过去一样，遵循同样的路线。"虽然，在《体育》《什么知识最具有价值》两篇文章中没有提到进化论，但斯宾塞承认它们的理论基础还是进化论。

斯宾塞所处的年代，是科学大发展的时期，同时科学主义作为一种思潮也随着科学技术对人类生存和发展的重要性增强而不断增强。在17—18世纪，笛卡尔（Rene Descartes，1596—1650）等人在近代自然科学尤其是牛顿力学的影响下，借用自然科学的理论和方法，来解释一切现象，包括社会现象，这是现代科学主义的开端。当时，包括物理运动在内的各种运动形式，统统被归结为能直接用数学方式进行度量的机械运动，力学的方法被用来解释人类社会的现象，例如，把人的心脏比作钟表上的发条，把神经和关节比作其中的游丝和齿轮。

关于什么是科学主义，有各种不同的理解，归结起来主要包括两个方面：一是，认为自然科学知识是人类知识的典范，它不仅是必然正确的，而且可以推广用来解决人类面临的所有问题；二是，对科学方法的无限外推，这是科学主义最核心的内容。《韦伯斯特新国际英语词典》把科学主义定义为："一种主张自然科学的方法应该推广应用到包括哲学、社会科学和人文学科在内的所有领域的观点，是一种坚信只有这种方法才能有效地用来获取知识的信念。"

19世纪，随着科学技术的发展及其带来的日益富足的生活，人们对科学技术持更加乐观的态度，相信科学技术能解决人类一切问题。因此，科学主义思潮得到了迅速发展。以孔德、斯宾塞等人为代表的实证主义极力强调自然科学及其方法的作用，孔德把人类思想发展分为神学、形而上学和科学三个阶段，认为人类思想在经过幻想的神学阶段、超验的形而上学阶段之后，正在进入实证的科学时代。在这个时代里，经过经验证实的科学是一切知识的准绳，也是认识的最高成就。

在19世纪，科学主义思潮对工业社会的教育发展产生了深刻的影响，并导致了各种以科学主义为思想背景的教育思想的产生和发展。斯宾塞适应时代发展的需要，大力讴歌科学知识的价值。

今天，我们认为斯宾塞是"科学主义者"或者"功利主义者"，原因是他是从科学的实用和功利的角度出发，提出了科学最具有价值的论断，并且倡导在理科教学中教授科学方法。

我们现在往往把"科学主义"当作贬义词来使用。如果从贬义的角度来理解斯宾塞，似乎有些不公平。一方面，他虽在理科教学中强调教授科学方法，但如果因此认为他是科学主义者，就有失公允了，因为倡导科学方法和把科学方法无限外推完全是两回事情。如果学习理科仅仅是知识的累积，而不掌握作为科学核心的科学方法是没有道理的。另一方面，也是最重要的，在当时的英国社会，科学技术对社会的各个方面产生了巨大的积极意义，而当时的学校对此却非常冷漠，对社会发展的核心力量熟视无睹，大力宣传科学的力量本身并没有什么过错。评价一个人的贡献应该放在具体的历史背景下展开，虽然斯宾塞的论断有些偏颇，但他的思想更具有积极意义，至少给他戴上“科学主义”的帽子，不应该是个贬义词。因为，在一个缺乏科学知识、科学方法的时代，大力宣传科学的价值没有什么不好。

（三）杜威“做中学”的探究教学思想

1. 迎合社会：从关注知识到关注过程与方法

20 世纪早期，美国的移民、工业化和城市化、犯罪与贫困等社会问题使社会发生了快速的改变，教育的社会应用性成为教育家关注的主题。美国教育从 1917 到 1957 年处于进步主义时期，进步教育家从一开始就反驳传统的内容和方法，支持学习内容与社会相关，并强调训练学生解决生活中问题的方法。

在进步主义时代，在强调知识与强调知识对学生生活应用之间存在着争论。在进步主义最开始的阶段，坚持理科教育的重要目标是科学知识的势力占据了上风。

中等教育重组委员会（Commission on the Reorganization of Secondary Education，CRSE）于 1918 年发表了题为《中等教育基本原则》（*Cardinal Principles of Secondary Education*）的报告。随后（1920 年），理科委员会提交了题为《中等学校理科重组》（*Reorganization of Science in Secondary Education*）的报告。CRSE 阐明所有的学校科目，既是学术的又是职业的。教育的总体目标是使青年人有效地对社会有准备，也就是他们称作的“为了所有青年人的完全的有价值的生活”。

为了有效地为民主社会作准备，教育应包含七个目标：健康；基本过程的掌握；值得尊敬的家庭成员；职业；公民；闲暇时间的有价值利用；道德品质。这些目标的完成将为成为良好的公民、良好的家庭成员，进行创造性的工作以及稳定的社会做准备。教育的主要目标是发展感到幸福和为社会做贡献的个人。

在他们报告中，理科委员会依据 7 项基本原则中的 6 项，维护了课程中理科存在的必要性，但没有涉及“基本过程的掌握”这项原则。所涉及的科学方法不是为了心智训练，而是作为解决社会问题的方法被教授。

在当时，在以科学知识为主要目标的理科教育中，科学方法仅仅是附属物。然而，贯穿进步主义时代，从社会的应用来组织学习主题的观点是非常强烈的，同时强烈认为科学方法是解决普遍社会问题的途径。

虽然许多 19 世纪的学者已经提倡作为获得科学知识途径的科学过程的使用，但科学方法作为理科教育目标直到 20 世纪后才被认同。在 1890 年，亨利·阿姆斯特朗（Henry E. Armstrong）修订了理科教学的启发式方法，提倡尽可能使学生处于发现者的地位，要求他们去发现而不是被告诉有关事物的知识。从弗朗西斯·培根到阿姆斯特朗的前进可认为是培根的归纳主义科学哲学向教学方法应用的转变。

1938 年，进步主义代表杜威（John Dewey，1859—1952）的反省性思维的过程被标明为五个阶段：在问题确定后，困惑感、需要感，受挫感随之出现；尝试性假设的“产生”；实验和论述假设；设计更多的和严谨的实验；找到满意的解决问题的途径并采取行动。

1945 年，进步主义协会出版的《自由社会中的普通教育》为科学方法作为理科课程的目标提供了进一步的支持。哈佛委员会强调心理过程而不是逻辑，强调在自然环境中解决问题过程中的科学方法。这个报告同时认为：以广泛的、体系化的概念来表述科学知识以及用跨学科的方法来教授科学知识是理科教学的非常好的目标。

在 1947 年的 46 期 NSSE 年鉴《美国学校的理科教育》中又重新进行了对科学方法论述，包括问题解决技能、使用工具技能、公正无私的科学态度、诚实、欣赏科学和对科学感兴趣。有关科学态度方面的议题在理科课程中占较大的内容。在理科教学过程中，不仅要关注学生智力的发展，同时必须觉察到科学的发展对社会所产生的影响。

在 20 世纪 40 年代，科学方法目标以各种形式稳定地出现在一些专业文献中。第 55 期 NSSE 年鉴中的《重新思考理科教育》也强调探究作为科学过程特征的重要性：认为获得知识的探究的科学方法现在已经成为文化的一部分。

到进步主义时代末期，传统的强调知识的获得目标仍被坚持。科学方法作为理科教学目标被讨论，但主要作为提供给学生解决社会问题的模式的一种方法被讨论。至此，学习科学方法已经从早期强调智力训练转变成对社会相关问题解决能力的重视。

2. 杜威探究思想述评

进入 20 世纪，哲学与现代科学的竞争日趋激烈。“1900 年前后，哲学面临着严峻困难的挑战，自然科学与实证主义，经验主义和感觉论联手，要置哲学于死地而后快。”杜威认为，近代以来的哲学陷入危机的最终原因是哲学一直所固有的“二元论”思维方式。

在进步主义时期，杜威对理科的贡献是很多的，他对“儿童中心论”“经验”“从做中学”“科学方法”等进行了论述，这与他对科学的理解密不可分，他的理念对当前的理科教育也有重要的借鉴意义。

“在教育史上既能提出新颖教育哲学，又能亲见其实施之获得成功者，杜威是第一人。”杜威的实用主义哲学再次使教育者确信教育应以学生为中心并反映当时的现实。

杜威所在的美国时代，科学的迅猛发展以及政府对科学的积极态度，使他深受实用主义的影响，坚信实证科学，将真理奠基在可靠的证据上。同时，杜威也深受达尔文进化论的影响。

（1）工具意义上的科学

杜威认为科学的本质是认识自然世界的工具。“科学是一种工具、一种方法、一套科学体系。与此同时，它是科学探究者所要达到的一种目的，因而在广泛的人文意义上，它是一种手段和工具。”他把科学以及科学研究放在人类背景下来讨论，具体来说，科学是具有双重意义的工具：第一，是生产物质的工具，它被转化为技术应用于物质生活领域；第二，是生产思想的工具，它被作为一种实验探索的方法、一套科学家在实验室中表现出来的程序。

杜威对科学本质所持有的是一种工具主义的看法。这与杜威的工具主义哲学观是分不开的。在认识论和方法论上，杜威把他的实用主义称为“工具主义”。他把思维的功能归结为控制环境的工具认识论。“概念、理论、体系无论如何精细，如何首尾一贯，都必须看作假设，这就足够了。它们只能作为检验它们的行动基础来接受，而不是结局……它们是工具，和所有工具一样，它们的价值不在于它们本身，而在于它们创造的结果所显示的性能。”

在杜威看来，不仅科学方法是工具，就连同概念、理论都具有工具性。并且，“在时间先后和重要程度上，把科学作为方法的看法优于把科学作为事实材料的看法”。杜威还相信，科学方法的普遍使用可使人类的生活得到改善。“我意识到，我对科学方法的强调也许会引起误解，使得大家只想到专家在实验室的研究工作中所引起的专门技能。但是，我强调科学方法的意图与专门化的技术很少关联。它的意思是，科学方法是可以用来了解我们生活与其中的世界的日常经验的意义的唯一可靠的方法。它的意思是，科学方法提供一种工作的方式和条件，在其中，经验是永远向前和外扩展的。”

推崇近代科学的方法，杜威并不是停留在操作层面上，而是在科学体现一种新的精神与态度、瓦解旧的信念、树立新的信念基础上的。与其说杜威注重科学方法，不如说他崇信的是近代科学在实验方法上对传统思维方式反叛的思维品质。因为近代科学的发展的核心推动力量是怀疑、探究、假设的精神。杜威对科学方法推崇的核心放在怀疑和假设上，他所说的“科学方法”或者“实验方法”主要是他的思维五步法。

（2）实验性经验及其意义

杜威认为，西方传统哲学都把经验看成“零散的感受”、粗糙的知识和片面的浮浅的知识。经验绝不是经验论所认为的那样，仅仅是一些不涉及人的行为和价值的一种冷冰冰的事实。相反，人的经验渗透了人的情感、价值和理性。“经验”就是人们生活的过程，在这个过程中人们的所作所为、所思所悟和所见所闻的全部构成了经验的内容，它是一个浑然的整体，不可分割。这样对“经验”的界定否定了传统二元论的“主体/客体”“知识/行动”“理论/实践”“精神/物质”与“事实/价值”。“经验”不仅仅局限在认识的领域，还具有更广泛的内涵。

近代哲学以笛卡尔为代表的传统的认识论中，认识的对象是固定不动的。人只有被动地接受，是一种旁观者式的认识论。所谓的认知不过是像摹本一样静止地摹写着世界，像镜子一样不动地反映着世界。在这种旁观者式的认识论假设的支配下，许多近代哲学发展到科学之外的其他领域。在这种旁观者式的认识论假设的支配下，许多近代哲学家包括康德（Immanuel Kant，1724—1804）都认为，一切科学的认识均应该起源于所谓的感觉，这也就是许多人把现代科学称为“经验科学”的一个主要原因。但对杜威而言，现代科学并不是一种从感觉或观察开始的抽象理论，而是一种从问题开始的探究行动。现代科学家们总是要首先确定问题的情景，然后才会展开其科学思考，如果没有这种作为一种难题的情景的存在，一切科学思考都无从谈起，而现代科学作为一种探究行动的目标，也就是要解决人类社会生活处境中的难题，即把一种迷惑的、纷乱的困难的情景转变成一种澄清的、一致的稳定的情景。在杜威这里，现代科学就不再是那种对所谓的感觉、印象等传统经验论意义上的经验进行收集、观察和反思的理论，而是人类生活中的一种解题行动。

实验性的认识理论不同于知识的旁观者理论。实验主义者不把知识的对象理解为固定不变的外部世界，而是意识到认识者就存在于外部世界之中，因此探究使不同的存在者之间发生互动，并对现实世界进行重新引导和安排。也就是说，知识的对象不是固定的外部实在，而是改变了的情景。因此，成功探究的结果就不是传统意义上的知识，而是被证实了的假设、被确认的论断以及能成功探究未来且不断增长的能力。

现代科学作为一种探究行动的最基本特征就是其“实验性”，在杜威看来，现代科学作为一种经验科学，所涉及的“经验”其实并非是一种“经验性的经验”（experience as empirical），而是一种“实验性的经验”（experience as experimental）。在现代科学中，经验本身在某种形式下已经变成实验性的了，现代科学的探究行动有意地使经验发生变化，使经验人为地变成实验性的。现代科学家都不再是那种坐在书斋里被动地通过感知来提炼知识的理论家（或者叫某种意义上的哲学家），而变成了一种主动地在实验室里人为地去造成经验的变化，并控制这种变化以获得科学所要的知识的实验工作者。因此，没有“实验”也就没有现代意义上的科学，现代科学就是通过“实验”来获取知识的，而现代科学由于在探究行动中采用了实验的方法，从而把现代科学探究行动中所处理的事物由对象转变为一种素材。因为在现代科学的实验中没有任何东西是最后完成的，一切事物都只能是作为素材而存在，而所谓素材是指还需要进一步解释的题材。在这里，杜威明确区分了古代科学与现代科学两种完全不同的科学态度：一种态度是接受人们观察到的对象，把它们当作终极的，当作自然过程的顶峰；而另一种态度是把它们当作思考探索的起点。在杜威看来，前一种态度是传统哲学中固有的“绝对主义”（absolutism）的态度，而后一种态度则是他一生都在大力提倡的“实验主义”（experimentalism）的态度，杜威认为，这两种态度之间明显的差异远不仅是科学态度上的差别，它标志着一种在整个生活精神方面的革命，如果我们把我们周围存在的事物，我们所触到、看到、听到和尝到的事物都看作一些疑问，必须对它们求得答案（寻求答案的方法就是有意地引进变化），就需要把目前的对象转变成为一些新的对象，以便更好地满足我们的需要。

所以，经验是一种生物和环境之间交互作用的关系。杜威把它称为主动和被动的关系，是一种交互作用。经验在经验过程中并不创造被作用的事物，但是经验过程却以特殊的方式改变着被经验的事物。杜威受达尔文生物进化论的影响，用生物学的观点来论述经验。他认为人是自然界的一部分，但又是非自然的因素，作为生命有机体，人和环境发生相互作用，这种作用包括本能的适应能力和行为的改造能力。经验就是人和环境相互作用的统一的整体，是它们之间的主动关系，即人的遭遇和行为的过程。人在本质上不仅是内在于环境的动物，而且依赖于环境。因此，环境并不是一种严格的外在于人的实体，人就是环境的一部分。人生活在环境之中，环境也不是静态的，它是过程性的、易变的和动态的。

杜威强烈地支持在理科教学中提倡经验方法，在经验和科学知识间调和的心理学步骤是科学方法。他指出理科教学最终目的是使我们清楚怎样能更积极地使用思想和智力。这样，对杜威来说，科学方法是获得科学知识的途径，并且理解科学方法也是理科教学的一个重要目标。

杜威认为探究不只是主观的意识活动，而且是一个人与环境、精神与物质相互作用的过程，这一过程是人、环境与行动的统一。他认为科学方法实际上是经验自身的逻辑，尽量利用科学方法，以促进正在生长扩展的经验的种种可能性的发展。这使他从根本上和为了科学而科学的科学主义划清了界限。归根到底，杜威所讲的科学方法是存在论意义上广义的方法，而不是技术意义上狭义的学术方法。

探究式的认识在本质上是试验性的，所以在杜威看来，认识论所关心的不是“知识”，而是“认知”，是对有问题的情景所作出的改变行动，是一种探究的过程。所以在探究中，假设尤为重要，它通过实验来检验，失败的假设会被修改或被放弃，成功的假设则被证实，但并不被接受为对“真理”所作出的固定的永恒的描述。成功的假设可以暂时地作为对进一步探究的引导，但通常是可以修改的、可错的，需要经过未来探究的检验。

（3）崇尚科学主义及其弊端

历史上的理科教育中，除了斯宾塞以外，另一个被认为科学主义者的就是杜威。19 世纪末 20 世纪初，科学技术创造了丰富的物质财富，给人类带来了巨大的经济利益，使得人们对科学的崇拜之心与日俱增，认为科学无所不能，可解决人类的一切问题，一切理论都要通过作为共同语言的物理学语言统一起来，坚持认为只有科学方法才是有效地认识世界的唯一方法。因而是一切人类思维的楷模，人人都应当掌握。身处在“科学主义”之风盛行的社会的杜威，认识到科学方法比科学知识更重要，并力图把它扩展到科学之外的其他领域。为此就需要把科学方法引进课程与教学，对学生进行科学方法训练，以培养能有效应用科学方法的公民。

杜威根据他的实用主义工具论的哲学思想，以社会为背景，认为科学知识（事实和定律）是工具。杜威对科学方法的重视，并不是主张在理科课程中进行，而是从日常经验中的事物开始，因为他认为科学方法在任何领域中都有效，那么，在日常生活的情景和现象中进行科学方法的训练，一方面，达到了训练科学方法的目的；另一方面，学生学到的科学方法更容易在日常生活中得到应用。利用科学方法和科学思维可以解决经济、道德等社会各个方面的问题。杜威认为，衡量有效理科教育的标准，要从大众在处理所有事情时接受和采用科学方法指导的程度上去寻找。他认为“人类文明的未来取决于科学思维习惯的广泛传播和深刻掌握，因此我们教育中问题的问题，是如何使这种科学思维习惯成熟和有效”。

杜威的科学主义与那个时代密不可分。“那些欣赏自然科学的威力和成功的人士以及那些希望把这些领域成功的方法应用到社会科学和行为科学当中去的人们，都有一个特别的动机：仔细分析一下使得自然科学获得成功的方法。自从社会科学家和行为科学家作为自觉的‘科学的’事业以来，社会科学家和行为科学家以及某些哲学科学家，就坚持认为这些领域相对于自然科学领域之所以取得较少的成功，恰在于没有正确地体认和贯穿自然科学的方法。”但杜威对科学方法的重视走到了一个极端。一方面，他和同时代的一些人一样，对科学尤其是科学方法无限地崇拜，成了“科学万能主义者”；另一方面，在教学中，脱离理科教学内容，以日常的生活为题材进行科学方法的训练，导致学生学习质量较差。

在杜威的教学理论中，过分强调“儿童的中心地位”“做中学”等观念，造成了学校里的学生学习质量较低，很快就被为挑战苏联卫星上天而引发的理科教育现代化运动（理科教育发展上一般把美国20世纪中叶进行的理科课程改革称为“理科教育现代化运动”）所取代。虽然杜威在反叛传统教育上存在着矫枉过正之处，但是杜威对科学本质的认识，如把科学放在人类社会发展的大背景下来展开讨论；对传统认识论上的“二元论”的批判，强调学生在“行动”中经验的获得，与情景的互动以及对科学方法的重视，这些对我们今天的理科教育改革仍具有重要的影响力。

科学可按照它的研究对象由简单到复杂的程度分为上、中、下游。数学、物理学是上游，化学是中游，生物学、医学、社会科学等是下游。上游科学研究的对象比较简单，但研究的深度很深。下游科学的研究对象比较复杂，除了用本门科学的方法以外，如果借用上游科学的理论和方法，往往可获得事半功倍之效。所以“移上游科学之花，可以接下游科学之木”。如果把上游科学的花，移植到下游科学，往往能取得突破性的成就。

同其他领域相比，科学取得了巨大的成功，这种成功主要源自科学方法的发展与应用。利用自然科学的方法对解决其他领域中的问题是具有重要借鉴意义的。但在解决问题中，要考虑本领域的特殊性，杜威这种对科学以及科学方法的极端做法，对学生正确认识科学是不利的，对社会发展也是不利的，实际上，这种对科学主义的倡导，很可能不但没有起到宣传科学的效果，而且会适得其反。

二、高等数学探究式教学模式的界定

（一）广义定义

泛指学生自己采取类似于科学研究的方式主动探究的学习活动。

（二）狭义定义

在教师引导、帮助、调控下，学生自主地以《高等数学》教材和实际问题为自学素材，以问题为载体和切入点，在一种准科研的情境中，采取科学研究的方式通过收集、分析和处理信息来实际感受和体验知识的产生过程，进而掌握知识、学会学习，培养分析问题、解决问题的实践能力和探究创新精神的学习模式。

基于问题解决的探究式教学是指在教学过程中，以问题研究为手段，以全面掌握和熟练运用所学知识解决实际问题为目的，强调师生互动，充分发挥学生的主观能动性、创造性的一种教学方式和教学理念。基于问题解决的探究性学习的本质是以培养学生的问题意识、批判性思维的习惯、生成新知识的能力、协作学习的品质为目标，注重学习者在学习过程中实现主体性的参与，突出强调以问题为中心组织整个教学和学习过程的教学模式。

（三）基于问题解决的探究式教学的特征

问题解决的探究式教学所强调的是学习方式的改变，即改变那种偏重机械记忆、浅层理解和简单应用的学习方式，帮助学生主动探求知识，注重学生对所学知识和技能的实际应用能力的获得，重视培养学生的问题意识、批判性思维的习惯以及学生兴趣的满足和能力的提高，关注学生的情感体验、意识态度、意志品质的培养，以提高学习者的实践能力和创造性思维为最终目的。保证学生的共性发展、体现人格上平等的同时，充分注意不同学习水平的学生和不同思维类型的学生在学习能力上的个别差异，以不同的要求、不同的措施，实现教师与学生、学生与学生之间的多向交流，使不同的人在数学上得到不同的发展。

第二节　高等数学探究式教学实践

一、以问题为研究中心，建立探究式教学体系

《高等数学》是工科院校和高等师范院校理科的一门重要公共基础课，其教学质量直接影响学生后继课程的学习，进而影响毕业生的质量。当前，学生学习高等数学普遍存在不善于思考，不会发现问题，对理论理解不够透彻，只注重对公式的记忆和套用，不会灵活地运用新知识解决新问题等现象。这些现象和问题的存在，说明原有的“讲授式”教学模式没有充分地调动学生的主动性和创造精神。改讲授式为探究式，探究和讨论前有针对地收集、精选、分类和编制经典问题，并精心设计问题的难度，采取先易后难、分层递进模式，利用不同层次的问题，针对不同的学生激发学生的学习兴趣，是解决上述问题的关键。

（一）基于问题解决的探究式教学的基本思想

在《高等数学》教学中，提出问题、解决问题和理性思维是其中最基本的方法，即学生在教师的引导下，围绕特定的问题，采用探究的教与学方式，基于问题解决来建构知识。为达到上述要求，根据《高等数学》的学科特

点，将课堂教学过程进行优化处理，把教学活动中教师传授、学生接受的过程变成以问题解决为中心、探究为基础、学生为主体的师生互动探索的学习过程。其中教师既是学习活动的引导者，也是一名普通的合作学习者，与学生一起互动探究，以教材为凭借，引导学生走向未知领域，促进学生个性的充分发展，从而影响学生的情感、态度和价值观。

（二）基于问题解决的探究式教学的基本结构

探究式教学的具体操作程序可归纳为“问题引入—问题探究—问题解决—知识建构”四个阶段。

1. 问题引入阶段

教师从学生的认知基础和生活经验出发，依照教学内容设计问题，创设富有挑战性的情境，提出要解决的问题，使学生明确探究目标，同时激发学生探究学习的积极性、主动性。

2. 问题探究阶段

学生以原有的知识经验为基础，用自己的思维方式提出解决问题的一些初步想法，自主地学习和解决与问题相关的内容，自由开放地去发现，去再创造。问题探究的目的，不仅在于获得数学知识，更在于让学生在探究、分析、讨论中，充分展示自己的思维过程及方法，揭示知识规律和解决问题的方法、途径，学会相互帮助，实现学习互补，增强合作意识，提高交往能力。在这个阶段，教师从单纯的知识传授中解放出来，成为学生学习的引导者、组织者、推动者和学习方法的指导者。

3. 问题解决阶段

教师通过询问、答疑、检查，及时了解、掌握学生的学习情况，针对重难点和学生具有共性的问题，进行有的放矢地讲解，尽可能地引发学生深层次的思考和再次交流讨论，引导学生将探求出的结论抽象成一般结论并对学习的内容与解决问题的方法进行概括总结，使新知识在原有的基础上得到巩固和内化。

4. 知识建构阶段

教师适当作一些关键的点评，引导学生有意识地反思问题的解决过程，帮助学生对自己或他人的表现做出评价。在这个阶段，为检查学习的效果，应让学生讨论解决其他相关的问题以及完成一些相应的课外作业，使每一个学生都能灵活运用所学的知识，都能拓宽思路、体验成功和探索创新，从而提炼和升华思维，建构起自己的知识体系，达到意义的建构。在上述教学模式的教学理念指导下，可以采取多种教学形式，灵活应用。从教学方式来说，可以以科学知识为主线，插入具体问题和实际背景资料，也可以以问题和应用为中心逐步渗透科学知识与科学概念，从应用范围来说，可围绕某一问题进行整个单元内容的教学，也可以用于教学过程的某一环节。

二、探究式教学模式的实践

（一）合理设计教学梯度和探究题目

因材施教是教育必须遵循的原则，任何脱离了学生的基础和接受能力的教学都是失败的。学生只有跟得上老师的思路才能配合老师搞好教学，这就要求教师必须了解学生的基础，掌握教学大纲，熟悉教材，这样才能把握教学的中心，突出重点，并通过设计合理的教学梯度分散难点，设计合理的探究题目和内容，使学生在老师的引导下，开动脑筋积极思考，师生互动，达到教与学的共鸣。

（二）精讲多练

练习是学习和巩固知识的唯一途径，目前学生课余时间十分有限，如果将练习全部放在课后，时间难以保障。另外，对于基础较差的学生，如果没有充分的课堂训练，自己独立完成作业很困难，一旦遇到的困难太多，就会选择放弃或抄袭。因此，精讲教学内容，腾出更多的时间做课内练习是十分必要的，这不仅有利于学生及时消化教学内容，而且有利于教师随时了解学生掌握知识的情况，及时调整教学思路，找准教学梯度，使教与学不脱节，保证教学质量。

（三）密切知识与物理背景和几何意义的联系

几乎每一个高等数学知识都有它产生的物理背景和几何意义，让学生了解每个知识点的物理背景可以使学生知道该知识的来龙去脉，加深对知识的记忆和理解，知道其用途；而几何意义则可增强知识的直观性，有利于提高学生分析和解决问题的能力，所以在教学中无论在知识的引入还是在知识的综合运用中，都要与它的物理意义和几何意义紧密结合起来。这样便于学生接受和理解教学内容，提升数学素质。

（四）加强实验教学环节

着眼于工科和师范生的培养目标——应用型人才，对于数学理论的推导和证明可以适当弱化，以掌握思想方法为目标，但动手操作能力不能打折扣。可以让学生通过数学实验充分体验到 Mathematica 软件的突出的符号运算功能，强大的绘图功能、精确的数值计算功能和简单的命令操作功能，认识到当今如此称颂的“高技术”本质上是一种数学技术。数学向一切应用领域渗透，当今社会正在日益数学化，数学的直接应用离不开计算机作为工具。对于工科学生最重要的是学会如何应用数学原理和方法解决实际问题，如果没有一定的数学基础，学好任何一门专业都将成为空话。

要把理论教学和实验教学有机地结合起来。例如，我们在理论课教学过程中经常遇到一些抽象的概念和理论，由于不易把图形画出来，就不能利用数形结合的手法加以直观化，致使学生难以理解，而数学软件有强大的绘图和计算功能，它恰恰能解决这些问题。所以在实验教学中，不仅要讲基本实验命令，更重要的是要选择一些有利于学生理解微积分理论和概念的实验让学生去做，将理论教学和实验教学结合起来，让学生带着问题去实验。例如让学生用数学软件做出图形来判断函数 $y=\cos x$ 在 $(-\infty, +\infty)$ 内是否有界，并观察当 $x\to\infty$ 时这个函数是否为无穷大？通过这个实验，学生不仅可以掌握作图的方法和命令，而且能真正理解无穷大和无界的区别和联系。同时可以让学生惊叹抽象的数学在一定程度上可以变成可以看得见的富于直观形象，更加启迪人们思想的“可视化数学”。每一次课都选择两三个这样的实验，使实验教学真正成为理论教学的补充和延伸。

三、探究式教学在数学教学中的实施步骤

结合高等数学的课程特点，将探究式教学法的教学过程分为问题预设，问题引入，问题探究，问题解决，知识建构，知识巩固六个环节。

（一）由浅入深，问题预设

探究式教学是围绕问题展开的，教师需要根据教学内容和教学目的，预先提出一组难度适中、逻辑合理、由浅入深的问题，来帮助学生明确每一步探究的具体目标。其关键在于设置的问题既要符合学生的认知水平，又要具有一定的挑战性，才有助于培养学生的创新意识。如果探究目标难度过低，探究过程只是对已有知识的低水平重复，会使学生觉得乏味或产生骄傲自满的情绪。如果探究问题难度过大或过于笼统，与学生已有认知结构相差过远，又会使学生觉得茫然甚至产生自卑心理，最好把握在“跳一跳就能够摘到桃子的状态”。以曲率小节的预设问题为例（见表 5–1），小节问题“如何用数量度量平面光滑曲线的弯曲程度”过于笼统，实践证明学生难以找到探究思路。但若分解为三个单元问题，实践证明经过单元问题 1 和单元问题 2 的启发，几乎所有同学都能提出用单位弧段上切线转过的角度作为曲线弯曲程度的度量指标。

表 5–1　曲率教学计划

<table>
<tr><td rowspan="3">问题框架</td><td>中心数学问题</td><td>如何用“量的打消”研究“形的特征”</td></tr>
<tr><td>小节问题</td><td>如何用数量度量平面光滑曲线的弯曲程度</td></tr>
<tr><td>单元问题</td><td>①对于弧长相等的曲线弧，弯曲程度与切线转角的关系？
②对于切线转角相等的曲线弧，弯曲程度与弧长的关系？
③对于一般的曲线弧，怎样构建数量指标表征弯曲程度？
④用单位弧段上切线转过的角度度量弯曲程度合理吗？
⑤如何简便地计算曲率</td></tr>
</table>

（二）创设情景，问题引入

在引入这一系列问题的时候教师要创设问题情境，引导学生从实际问题中归纳数学问题，培养学生的问题意识。例如在曲率小节中，教师可利用多

媒体课件引导学生观察火车轨道的弯曲程度、拱桥主拱圈的弯曲程度、钢梁构件的弯曲程度等生产生活中常见的实例，从这些实际问题中归纳、抽象出要研究的数学问题“曲线的弯曲程度如何度量”。这一环节是帮助学生认识数学理论的现实基础，提高学生的学习兴趣，加深知识理解深度的关键。如果忽略这一环节，直接进入知识传授阶段，会将数学知识孤立于现实问题，使学生产生“数学知识脱离实际、考完就没用”的错误认识。这不但会降低学生的学习兴趣，更重要的是，会疏于培养学生理论联系实际、学以致用的能力。

（三）开放课堂，问题探究

引入问题之后，教师应为学生提供相应的资料，鼓励学生大胆运用类比、归纳、猜想、特殊化、一般化等方法乃至直觉，去寻找解决问题的策略，探求数学问题的解决趋势和可能途径，提出解决问题的初步想法。这个过程可以由学生单人完成，也可以由多个学生共同讨论完成。同时教师应通过提问、答疑等方式及时掌握学生的探究情况，适时点拨，引导学生提出自己的想法。当学生们持有不同结论时，教师应认真听取学生对所持结论的解释，给予指正和帮助。该环节的关键在于正确处理教师的主导性和学生的主体性的关系，做到既不放任自流，让学生漫无边际去探究，也不过多牵引。

例如在曲率单元中，教师首先引导学生观察两段弧长相等的曲线弧，让学生自主探究切线转过的角度与曲线弯曲程度的关系。当学生提出切线转过的角度越大曲线弯曲得越厉害时，教师应给予鼓励和肯定并及时总结为曲线的弯曲程度与切线转过的角度正相关。然后教师再引导学生观察两段切线转过角度相等但弧长不相等的曲线弧，当学生提出弧长越小的曲线弧弯曲得越厉害时，教师应及时总结为曲线的弯曲程度还与弧长负相关。教师不再是单一的知识传授者，而是学生学习的组织者、指导者、推动者。

（四）归纳总结，问题解决

引导学生总结梳理上一环节中单元问题的结论，有逻辑地归纳解决方案或创新性地构建概念、命题，然后举例检验解决方案或概念、命题的合理性。

例如在曲率单元中，在学生得出曲线的弯曲程度既与切线转过的角度正相关又与弧长负相关这两个结论后，教师继续引导学生综合考虑这两个结论，提示学生类比“平均速度”概念，利用它既与位移正相关又与时间长度负相关的特点，引导学生联想到使用曲线弧上切线转过的角度与弧长的比值度量曲线的弯曲程度，得到“平均曲率”的概念。然后教师可提供几个实例，由学生自己检验用“平均曲率”度量曲线的平均弯曲程度是否合理。例如，学生可以简便地计算出直线的平均曲率为零，圆的平均曲率为半径的倒数——这都与我们的直观感受“直线不弯曲”“半径越小的圆弯曲得越厉害”相吻合。这一环节的重点在于培养学生的逻辑思维能力、归纳能力和创新精神。

（五）数学表达，知识建构

经过前面几个环节，学生已经初步建立了新的认知结构，但是由于概念、定理往往是由具体问题引入的，而且低年级大学生的抽象概括能力和数学语言表达能力并不是很强，这就使得学生难以把探究出的概念和结论上升到理论阶段。

在这一环节，教师可以作为主导者，为学生演示如何为探究出的概念给出简练的数学定义或者为猜想出的命题给出准确阐述、严格证明。以曲率单元为例，要描述曲线在某一点处的弯曲程度使用“平均曲率”是不够的，教师可以用“平均速度”与“速度”的关联启发学生，引导学生运用极限思想得出“曲率”的概念。之后教师为“曲率”给出严格的数学定义，让学生熟悉并学习使用数学语言。然后引导学生找出本节知识与前后知识的联系，梳理总结知识体系，使新知识在原有的基础上得到巩固和内化。

（六）重视运算，巩固新知

对大多数理工科学生而言，他们期望将数学作为研究其他学科的工具，因此理解算理、讲求算法的优化是高等数学的教学重点。为了解决学生在做计算题时盲目套公式，不能灵活、综合使用多种计算方法这一问题，在本阶段教师应当提供几个适当的例题，一题多解，引导学生分析比较各种计算方法在不同情况下的优劣，通过这种练习培养学生灵活运用知识的能力和习惯。例如曲率单元中，虽然我们按照曲率的定义 $K=\lim\limits_{\Delta s\to 0}\left|\frac{\Delta\mu}{\Delta s}\right|$ 计算直线和圆弧的曲

率十分简便；但是在当曲线的弯曲情况较复杂时，再利用定义计算曲率运算量很大。为此教师引导学生借助微商、弧微分等所学知识，推导出曲率的计算公式 $K=\frac{|y''|}{(1+y'2)\frac{3}{2}}$。借助例题和课后作业题让学生体会，在二阶导数易求的情况下使用公式求曲率更为简便。

第三节　高等数学探究式教学评价

一、构建探究式教学课程评价指标体系应遵循的原则

（一）有效性原则

即探究式教学课程评价指标体系的效度，是指探究式教学课程评价指标体系所能反映实际教学的程度，也就是说评价指标体系要尽可能最大程度上衡量实际教学。

（二）可靠性原则

即探究式教学课程评价指标体系的信度，是指评价指标的一致性程度，也就是说不同的评价主体在不同时间，对同一个人进行评价所得出的结论应具有一致性。

（三）区分度原则

即指探究式教学课程评价指标体系能够区分好的教学和差的教学的程度，这要求指标体系中各项指标之间是相互独立的，避免重复性指标，另外指标的权重和评分标准要设计合理。

（四）明确性原则

即指标的描述和阐释要清晰、明确，避免产生歧义和理解错误。

（五）可接受性原则

即探究式教学课程评价指标体系应是被评价者普遍接受和认可的，是被

评价者认为具有公正性，且符合和尊重高校教学规律与高校教学工作特点的。

（六）实用性原则

评价系统的设计和实施都要花费人力、财力和物力，因此在构建探究式教学课程评价指标体系时要考虑成本效益原则。指标体系的设计最好简明，便于理解和操作，不能过于烦琐、复杂，尽可能以最低的花费，取得最大的效果。

二、探究式教学课程评价指标的构建

探究式教学课程评价最主要的目的不是为了证明、惩罚，而是为了诊断、改进。因此，探究式教学课程评价指标应从常规性转向多样化；学生学业评价的主体由单一的教师评价转向教师、学生本人、同学等多元化的评价主体；教师教学效果的评价由他评主体转向他评和自评相结合的多元主体；评价模式由奖惩性评价转向发展性评价，使考核评价成为一个继续学习的过程。

大一统的评价方法有可能阻碍教育教学的创新；不考虑学科特点或者一味在各种类别的课程中寻求普适性或妥协的评价指标，也会使教学评估失去促进教学工作改进的针对性。评估类别划分永远无法穷尽所有课程的特点和教师不同的教学风格，过细的评估分类也会使质量评价及比较失去意义，因此本研究中产生的量化评价表一定要与相应的质性评价相结合使用。

（一）探究式教学课程评价指标的提取

本文中的评价指标是由参与实践的师生共同探讨产生的。由于探究式教学课程的实践性，其评价内容主要包括师生课堂表现和探究式教学课程作品评价。评价主体对这些指标分配权重并给予适当的分数，这样量化的评价量表就形成了。在此评价量表的基础上，增加学生对老师的评价，同学之间的评价，老师对学生的评价等“质性”评价内容，便形成了一个“量化”与“质性”评价相结合的评价量表。

1. 学生课堂表现评价指标

探究式教学的目的主要是促进学生的全面发展，促进教师的专业发展以及实现“教”与“学”的和谐。学生是教学质量评价的最终受益者，探究式教学质量评价更重要的任务是强调学生个体成长的独特性和差异性，重视学生的全面发展。因此，我们要将学生整体培养目标的实现程度与各种能力的和谐发展作为核心内容纳入教学质量评价的范畴。具体而言，教学质量的评价不仅要有利于引导教师注重基本理论知识和技能的传授，也要促进教师在教学中加强对学生发展性学习能力的训练，帮助学生树立主动参与的意识和创新意识，培养学生发现和提出新问题、获取新知识、掌握新信息的能力，增强学生的团队精神及协作能力，积极开发学生的潜力。

基于以上考虑，我们将学生课堂表现的一级评价指标分为学习态度、合作精神、探究过程三个维度。再通过“学习态度”五个方面，来考核学生是否能积极参与到探究性课程中来；对开展的探究主题能否积极地完成；在遇到困难的时候，是否有坚忍不拔的精神。通过“合作精神”四个方面，培养良好的独立工作能力和团队合作意识。通过“探究过程”五个方面，来反映学生创造性解决问题的能力。

2. 学生作品评价指标

学生作品有可能是大型作业、课程设计、设计性（创新性）实验、阶段测验、主题调查、读书报告、论文等。评价量表从思想性和科学性、创造性、艺术性三个维度来评价学生作品。通过对学生第一手材料或原始资料的分析，来判断教师开展探究式教学的实际成效。具体来说，就是通过“思想性和科学性”四个方面对学生作品的思想内容和文字表达方面进行一个初步的评判；通过“创造性”四个方面来判断作品是否有创新，是否有不同于他人的构想或设计；通过“艺术性”两个方面来对学生作品提出更高的要求。

3. 教师课堂表现评价指标

如前所述，对于学生学业评价的主体，我们主张由单一的教师评价转向教师、学生本人、同学等多元化的评价主体。评价指标量表只是一个评分工具，只有与多方面的质性评价结合使用才可以达到比较理想的效果。这一点也适用于对教师的评价。

通过“教学内容”四个方面，来考核教师的教学是否反映了现代大学教学的特点；是否反映教师教学的个性风格；是否注意突出教学重难点，并考虑学生的接受情况。通过“教学方法”八个方面，来诊断教师教学方法方面存在的优缺点，用于改进教学。通过“教学效果”四个方面，来反映教师实施探究式教学课程对于学生的意义和价值。

（二）探究式教学课程评价指标评分标准等级

评分标准是指某评价指标的完成情况与被评价者在该指标上得分的关系。评分标准等级是指对被评价者在评价指标上的不同表现状态与差异的类型进行的划分。在本研究中采用的是四级评分标准，划分为“优、良、中、差”，分别赋予5分、4分、3分、2分的分值。这样就形成了一个学生课堂表现70分、学生作品50分、教师教学绩效80分，总分200的评价量表。

为了避免量化评价带来的弊病，我们要将评价量与师生的质性评价结合使用，使等级定量评价与描述性质性评价相结合形成最终评价。这份最终评价要反馈给指导教师和学生本人，既可以用于各阶段的形成性评价，也可以用于终结性评价。它可以在探究式教学课程的某个研究主题中多次进行，每一个评价阶段本身就是鉴定、引导、促进学生发展的过程。

三、探究式教学课程评价主体与方法

学生课堂表现和学生作品评价的主体由单一的教师主体转向教师、学生本人、同学等多元化的评价主体。尤其重视学生在学习过程中的自我评价和自我反思、改进，使评价成为学生学会自我反思、发现自我、欣赏他人的过程。评价方法由原来“一考定全局”的终结性评价转向形成性评价和终结性相结合、课内教学与课外自主学习相结合的全程评价。尤其要重视“形成性评价”和“诊断性评价”，它们能反映教学评价的全面性、导向性、实效性、过程性和发展性特点。考核形式可以采用习题作业、问题讨论、随堂测验、项目训练（小论文、小设计等）、社会调查等方式，加强教学过程中平时学习情况的考查，提倡多样化的考核方式，多方面地测量学生能力和水平，测量学生全面的综合素质和能力。即使是书面考试也尽量采用开放性的，需要学生创造性的试题。教师教学绩效评价的主体由他评主体转向他评和自评相结合的多元主体。传统的评价主体主要是领导、同事等，教师本人被视为被动的测评对象。其实，只有教师真正参与了测评，并接受测评结果，测评才能真正发挥促进教学的作用。在保留原有“他评”主体（学生、领导、专家、同事等）的同时，引入教师自评主体，重视教师自我反馈、自我调控、自我完善、自我认识的作用，鼓励教师主动、积极地参与评价，从而最终实现学校、教师、学生的共同进步以及三者的全面、协调和共同发展。教师教学绩效评价的方法由偏重量的评价转向质的评价与量的评价相结合。传统教师评价主要采用量化考核评价的方法，以数据的形式对教师的工作状况做出评价结论。虽然操作比较方便，易对结果进行判断比较，在一定程度上对学校管理、教师发展起了积极的作用，但是从这些抽象的数据中看不出教师个人的教学风格，也衡量不出教师的教学效果、创新能力等，教师工作的生动性、丰富性也无法得以体现。而质的评价正好弥补了这些缺陷。它具有浓浓的人文关怀气息，体现出对人的充分尊重与关爱，能调动评价者与被评价者的主观能动性，突出评价的激励功能。探究式教学课程评价应该是质性评价与量化评价的结合。

第四节　高等数学探究式教学优势及劣势分析

一、高等数学探究式教学的优势分析

（一）提高学生学习兴趣

探究式教学由于注重学生进行自主学习，给予学生足够的自由学习空间，学生可以按照自己喜欢的学习方式进行学习，没有老师的强制性规定作业，由学生自行决定自己的学习计划，所以学生的学习兴趣往往会得到提高，学习的积极性也会增强。

（二）加强师生互动

在进行探究式高等数学教学的过程中，学生可以提出自己的意见和看法，并与同学老师进行合作交流，从单一的教师讲课转变为师生合作上课。进行适当的互动有助于学生对于知识点的掌握，而且一般经过争论而得到的知识

更令人印象深刻。

（三）拓宽学生的思维

探究式教学模式要求学生自行查阅资料，解决问题，所以在查阅资料和合作交流的过程中，学生不断接受新知识，拓宽自己的思维，举一反三，对于同一问题的解决提供多种解决方案。

二、高等数学探究式教学的劣势分析

（一）高等数学相比其他学科更具复杂性

在高等数学的学习过程中必须要牢记许多公式、定理，这些公式定理纷繁复杂，仅微分中值定理中要背的公式定理就有罗尔定理、泰勒公式、达布定理、洛必达法则以及中值定理，而其中的中值定理包括了费马定理、拉格朗日定理以及最常用的柯西定理。应该背诵的必须背诵，有些内容不适合探究学习。

（二）高等数学比较抽象，学生难以自主理解

高等数学与初、高中时所学的普通数学最大的不同就在于其抽象性。高等数学中涉及很多的定理证明和公式推导。例如对导数的定义，必须联系速度、切线斜率，并将其抽象出来，而定积分的理解要联系曲边梯形的面积。总之，高等数学中的模型、公式定理的表现形式以及符号都是非常抽象的。

（三）高等数学环环相扣，对学生基础要求高

数学中各科目的联系往往是一环扣一环，一门基础没打好会直接导致后面的专业课无法理解。高等数学也不例外。如果把高等数学比作金字塔，那么中心极限定理（Central Limit Theorems）就是其最基础层，其他所有的公式定理都是建立在此基础上的，而其定义本身就很复杂。设随机变量序 $X_1, X_2, \cdots, X_n$ 相互独立，均具有相同的数学期望与方差，且 $E(X_i)=U_i$，$D(X_i)=R_i^2>0$, $i=1, 2$, 令 $Y_n=X_1+X_2+\cdots+X_n$, $Z_n=[Y_n-E(Y_n)]/\sqrt{D(Y_n)}=\sum(X_i-U_i)/\sqrt{\sum R_i^2}(i=1, 2, \cdots, n)$，则称随机变量 Z_n 为随机变量序列 $X_1, X_2, \cdots, X_n$

的规范和。而中心极限定理的定义为：设从均值为μ、方差为σ^2（有限）的任意一个总体中抽取样本量为n的样本，当n充分大时，样本均值的抽样分布近似服从均值为μ、方差为$\sigma^2/\sqrt{n}$的正态分布。

三、对高等数学探究式教学的建议

（一）强化学生的自主学习意识

学习的主体永远是学生，只有学生自发地进行学习探索，教学才能真正起到指导作用，所以各高校应该设计相关的专题活动，激发学生的学习积极性，强化其自主学习意识，鼓励学生进行创新。

（二）努力营造良好的探究氛围

良好的探究氛围可以使学生学习探索的种子健康成长，只有在探究环境中，学生才会体会到知识的魅力，唤醒内心深处对于学习的渴望，而不是为枯燥无味的数学公式所困惑。

（三）调节学生学习进度，转化“学困生”

对于那些基础较差的“学困生”，一方面要对其进行思想教育，用教师的爱心感化他；另一方面要正确地引导他们，使他们可以努力跟上进度。这样做不单是为了使他们的学习成绩得到提高，更主要的是让他们学会学习。

第六章　高等数学教学应用实践研究

将高等数学教学的思想和方法融入数学教学应用实践中是高等院校数学教学改革的必由之路，我们应当继续加大这一改革与探索的力度，培养出更多更优秀的创新型人才。本章从四方面讲述了高等数学教学的应用实践等内容。

第一节　高等数学美应用

一、数学美概论

数学美的分属同美的领域的划分有关。关于美的划分，按照不同的标准可以有不同的划分：按感性现象的形成、按艺术的种类、内容和形式等。按感性现象的形成划分，即按给人以美感的对象产生的不同方式来划分。据此可分为自然美与艺术美两类。狭义的自然美是指大自然的美，如山水风景美；广义的自然美包括人类社会在内的现实生活中体验的美，这时又称现实美。与自然美对立的是艺术美，是专门艺术作品产生的美。这种划分是将其作了两极的划分，但是在现实生活和艺术创造中，除了现实美与艺术美，还有具有审美属性的技术产品，比如机械、器具、交通工具、建筑、桥梁、道路、工艺品等。因此，在现实美中又可分为自然美与技术美，以技术美作为自然美与艺术美的补充。

按内容与形式可分为形式美与内容美。形式美是在某种谐调的形式上产生的，它遵守一系列形式法则，其基本的法则是“多样性的统一”，使整体按照容易把握的秩序构成。内容美是表现为适应于有机的精神生活内容时产生的。由于形式与内容的不可分离性，二者的结合便是表现美。

由于美学的发展，审美观照物已由客观事物的感性形象发展到观念的、超“感性的”美，即观念美。作为其代表的是科学美。关于科学美，人们至今尚未深入探讨，因而没有统一的界定。总的趋势是将在对观念形态的认知过程中体验到的，在科学认知中以具有审美属性的超感性对象作为观照物的美称为科学美。数学美就是在认知量化模式的过程中，将量化模式作为观照物的美。

数学美作为科学美，具有科学美的一切特征。首先，它不以感性对象作审美观照，同自然美、艺术美、技术美的审美客体不同；其次，美感不具有具象性，是一种抽象的“超感觉”的美。数学美作为特殊的科学美，具有自己的特殊性。首先，科学认知对象特殊，即数学模式作为认知对象，不同于其他科学美的对象，在这种特殊的认知对象的认知过程中产生了美感、审美体验和审美享受。其次，由于数学科学的形式化、逻辑化、工具性的普适化特征，在数学美中反映为形式美、逻辑美与普适美。

二、数学美的基本样式——统一美

中外数学家差不多都体验到数学美，比如庞加莱说：“感觉数学的美，感觉数与形的调和，感觉几何学的优雅，这是所有的数学家都知道的真正美感。”那么，数学美是怎样被体验、感受的呢？实际上，其基本表现形态是多种类、多层次、多样化模式基础上的统一美，其进一步表现形态是谐调美、对称美、简洁美、奇异美。

数学在一般情况下被认为是杂乱无章的，分支细碎的，多种类、多层次的。在这个背景下，数学的统一给人以整体感、稳定感和秩序感，成为一种冷峻的美。如果认识了数学的统一，会使人对数学事实与方法产生全局性的认识，能够坚定人对掌握数学科学的决心和信心。

首先，数学的统一基础，就是集合论。比如几何学，欧几里得几何出现的二千年里没人怀疑它的真理性。其中的平行公理说：“平面上过直线外一点只能引一条与该直线平行的直线。”

1826 年俄国数学家罗巴切夫斯基以与此公理矛盾的罗巴切夫斯基公理“平面上过直线外一点至少能引两条与该直线不相交的直线”代替它，结果建立了无矛盾性的新的罗巴切夫斯基几何学。后来，庞加莱在欧氏平面上做出了罗氏几何的模型：把半平面 π 上的半圆叫做罗氏直线，将平面分成半平面的直线 φ 上的点看作无穷远点，任一条罗氏直线 a 都与 φ 相交于两点，因而罗氏直线有两个无穷远点。过 a 外一点 A 可以作两条直线，a' 与 a''，同 a 切于无穷远点，因而与 a 不相交。而过 A 在区域Ⅰ、Ⅱ的任一罗氏直线 b 都与 a 不相交。这样，罗氏几何与欧氏几何便得到了统一。只要欧氏几何无矛盾，罗氏几何也无矛盾。欧氏几何的无矛盾性又可用解析几何来解释，因为建立了坐标系之后，坐标平面上的点，与它的坐标有序实数对，建立了一一对应关系。这样，欧氏几何无矛盾性又与实数系的无矛盾性统一起来。戴德金把实数定义为有理数的分割，有理数的每个分割都决定一个实数，而有理数的无矛盾性与自然数的无矛盾性统一。但是，弗雷格与戴德金的自然数概念是用集合概念定义的。因此，最后统一到集合上来了。纯数学的几何学、代数学、分析学的共同理论基础就是集合论。

就数与形即代数学与几何学的关系来说，直到 16 世纪，人们一直将几何学作为数学的“正统”，几何学家就是数学家，将代数看作从属于几何。16 世纪以后，代数学的研究才活跃起来。1637 年笛卡尔创立了解析几何学，将几何的点与坐标平面上的有序实数对对应起来，将平面曲线与二元方程 $f(x, y)=0$ 对应起来，点即数对（a, b），曲线即方程，反之亦然。这样就把几何学与代数学统一起来，将形与数合二为一。于是，研究曲线、曲面等形的特征，可以通过研究它们的方程的性质来进行；研究函数、方程等数量的性质，可以通过它们的形的特征的研究进行。

就几何学来说，17 世纪以后，出现了各种各样的几何学。几何学的共同基础是什么呢？1872 年克莱因在德国爱尔兰根大学发表了被人们称为“爱尔兰根纲领”的讲演中指明了这个基础：变换群。他指出几何学就是关于在变换群下的不变式的理论，不变式就是不变量与不变性。拓扑学就是关于拓扑变换群即一一对应且双方连续变换群下的不变式理论，比如橡皮在拉伸或挤压下的性质；射影几何学是关于射影变换群下的不变式理论，比如线性、共线性、交叉比、调和共轭性等；仿射几何学是仿射变换群下的不变式的理论，因为仿射变换群是射影变换群的子群，因此，它保持射影性质，又具有自己的不变性与不变量，比如平行性等；欧氏几何是刚体变换群下的不变式理论，刚体变换群又是仿射变换群的子群，它保持仿射性质，又有自己的欧氏性质：民度、角度、面积不变等。索甫士・李又证明了在刚体变换群下不仅有欧氏几何，还有罗氏几何和黎曼几何，而且只有这三种几何。这样，克莱因就用群的观点把各种几何统一起来了。欧氏几何中的二次曲线即圆、椭圆、抛物线、双曲线可以在生成上由圆锥面与平面相交的截线统一起来，它们的方程可以用极坐标统一表示出来，等等。

其次，数学的统一美表现在数学的统一结构上。数学模式的研究之一就是模式的结构。法国数学家小组布尔巴基学派于 1935 年提出用数学结构来统一数学。他们将数学结构分为三大类，称为“母结构”。一是代数结构，即由离散元素通过运算构成的结构系统，比如，群、环、域、代数系统、范畴、线性空间等；二是序结构，比如，全序集、半序集、良序集等；三是拓扑结构，比如，拓扑空间、连续集等。布尔巴基学派指出，各种数学的分支科学都具有以上三种母结构之一种或多种，或者它们的交叉结构，都可以统一到这三种母结构上来。比如，实直线是中实数组成的，如果在其上定义了“加”和“乘”两种运算，又定义了“≤”关系，那么，它具有代数结构的环结构。序结构中的全序结构，拓扑结构中的连续性结构，是这三种母结构的结合、交叉的结构。

最后，数学方法的统一。就数学发展来看，统一在“实践—理论—实践”的哲学方法，由感性到理性的辩证唯物论与唯物辩证方法上。就数学理论体系的建立来看，统一在机械化法与公理化法的结合上。《九章算术》是机械化法的光辉代表，《几何原本》则是公理化法的典范。如中学的初等代数，总体上是机械化法，局部上是公理化法；中学的初等几何则是总体上的公理化法，局部上的机械化法。它们都是机械化法与公理化法的结合。即使数学问题的解决，在具体的策略方法水平上，也是这样，比如，证明策略可以统一在归纳推理证明（合情推理）与演绎推理证明的结合上，统一在直接证法与间接证法的结合上，统一在分析法与综合法的结合上，等等。

三、数学教学与审美教育

（一）普通学校的美育

依照马克思主义关于人的全面发展的学说，在社会主义时期，一方面，要不断创造人的全面发展的社会物质条件，实现工业化和生产的商品化、社会化、现代化；另一方面，实行全面发展的教育，培养现代化建设需要的全面发展的人，用全面发展的人推进社会主义现代化建设，以进一步强化人的全面发展的社会物质条件。因此，进行德、智、体、美、劳全面发展的教育是社会主义社会教育制度和教育方针的表征。

实行全面发展的教育制度和方针，对各级各类教育尤其是学校教育来说，同重视德育、智育、体育、劳动技术教育一样，也要重视美育。

美育是“审美教育”的简称，又称“艺术教育”。审美教育有广、狭两义。狭义的审美教育是专门艺术教育，旨在培养专门艺术工作者，在专门的艺术院校进行；广义的审美教育不是专门的艺术教育，旨在培养人的审美能力，提高人的综合素质，在普通学校进行。

普通学校的审美教育，其目标在于培养全面发展的人，主要通过艺术课程也通过其他课程进行。艺术课程又分为两类，一类是显性艺术课程，如普通的美术课、音乐课及高等院校的美术欣赏、音乐欣赏课等；另一类是隐性艺术课程的艺术实践活动，如校内外的文娱活动、歌唱比赛、书法比赛以及由学校组织的旅游观赏大自然、参加音乐会、参观美术作品展览等。普通学校的非艺术课程，如思想道德课程、智育课程、体育课程、劳动技术课程同艺术课程一样，主要担负各自的思想道德教育、智育、体育、劳动技术教育任务，同时有美育的因素，正像艺术课程主要担负审美教育同时包含其他各育的因素一样。正是在这个意义上称其为德育课程、智育课程等。

人的思想道德素质、身体素质、心理素质、科学素质、文化素质、审美素质、劳动技术素质等是人的全面发展的相互制约、相互影响的诸多因素，应当协调地发展，共同形成人的综合素质结构。某一方面的片面发展将破坏人的整体素质，这种片面发展与社会对人的发展的需要极不相适应。因此，各种各类课程不仅是为了进行相应的素质教育，更是为了人的全面素质的整体提高，这是当代重要的课程观和教学观。因此，某一类课程比如德育课程、智育课程等，只能“主要”为德育、智育，而非“只”为德育、智育。事实上，思想道德教育中无论世界观的教育、政治教育还是品德教育等都有相应的知识为基础，都隐含着审美教育的因素，具有智育、美育的特征。智育类课程也有德育、体育、美育、劳动技术教育的内容。

（二）数学教学中的审美教育

数学教学的审美功能同其他智育课一样是隐含于智育教育中审美因素发挥的作用。一个是数学美的审美功能，另一个是数学教学艺术的审美功能。

对于数学教学艺术而言，数学美是数学教学艺术的科学基础；但是对于数学教学而言，数学美本身又具有审美功能。这一审美功能在教学时同数学教学的智育功能同时存在，即在传授数学知识、训练数学智力技能、开发和提高智力的过程中出现的审美情感、审美体验和审美享受。这种在智育的同时进行的审美教育不能单独存在，它依附于数学教学的智育功能，具有依附的性质。如前所述，虽然它具有依附性质，但是它可以强化数学教学的智育功能，因此必须进行这种数学美的教育。

在数学教学中进行数学美的教育，重要的是教师要善于表现出数学美，展现出数学的统一美、谐调美、对称美、简洁美、奇异美等数学美的各种样式，才能激发学生的审美情感。庞加莱的话我们前面引述过，“感觉数学的美，感觉数与形的调和，感觉几何学的优雅，这是所有的数学家都知道的真正的美感”。而教学的主体是学生不是数学家，正如斯托利亚尔指出的，“数学教学是数学活动的教学”，数学活动是用以“表示学生在学习数学的过程中的特定的思维活动”“习惯上只用它来表示数学家的活动，即数学科学中的第一次发现者的活动”。而“学生发现那些在科学上早已被发现的东西的时候，他是像第一位发现者那样去推理的。数学教育学的任务是形成和发展那些具有数学思维特点的智力活动结构，并且促进数学中的发现”。这并没有说数学家的思维与学生的学习一样，数学家是创造性思维，而学生则是再现性思维；而是说在智力结构上都是特定的数学思维。当一个儿童由两个集合中各取一个元素配上对以后，指哪一个比这一个集合元素多的时候，他已经在进行虽为简单但确实是“特定的数学思维”了。斯托利亚尔说，“当学生进一步由具体东西的集合的运算发展到相应的基数的运算，而把具体东西的性质舍弃掉，这就是更高水平的数学活动了。发现数的运算规律，由具体的数里抽象出这些规律来，并用变量代替数，学生就进行了新的水平的数学活动。进而，当学生由一些规律推出另一些规律时，他就进行了更高一级的数学活动”。布鲁纳说得更直接，“智力活动到处都是一样的，无论在科学的前沿或在二年级都一样”。因此，数学教师善于表现数学美，展现数学统一美及各种美的样式，来激发学生的审美感受，归根到底是进行这种“特定数学思维活动”，就是建构各种数学量化模式的活动。

此外，要发挥数学美的审美功能的关键是能不能移情。什么是移情呢？“当我们直接地带感情地把握感性观照对象的内容时，实际上是把与之类比的自己的感情，从自己的内部投射给对象，并且把它当作属于对象的东西来体验。这种独特的精神活动就叫移情”。学生带感情地对待数学量化模式，把自己的感情看作数学量化模式本身的东西，使数学量化模式也似乎是具有感情色彩的东西了。这样就把自己的感情移到了数学量化模式上。比如，数学美的基本样式是数学的统一美，各数学分支有统一的基础，统一的结构，统一的方法等。这就好比我国56个民族有统一的国家作为共同发展的基础，有统一的社会主义经济结构，统一的政治生活，共同形成一个整体。这个整体给人以稳定的、秩序的感觉。如果我们把我国各民族统一的感情投射到数学的统一上去，那就会将由我国的统一所产生的稳定的、秩序的美的感情移情到数学的统一，产生统一的美感。至于数学统一美转化的各种美的样式如谐调、对称、简洁、奇异等，也可以由学生自己的美感类比地移情。具体的数学模式，同样因移情而生美感。比如“直线给人以刚毅之感”是将刚毅的人的形象与直线的形象类比，将对刚毅之人的敬佩之情投射到直线上，使这种情感成了直线所具有的东西；“曲线给人以温柔之感”同样是将略有微波的水面与曲线的形象进行类比、移情的结果。平面图形的对称即轴对称与中心对称本身给人以视觉美感，而对称多项式的对称美也是借助于移情。至于精巧的证明，数学问题的妙解，则是更高层次的移情获得的审美情感。

数学教学的另一类审美教育则是以数学教学艺术具有的审美功能为基础的教育。这是把数学教学活动由于技艺和专门艺术的手法当作审美观照对象而产生美感、审美体验和审美享受的过程，这种审美教育对运用数学教学艺术进行智育来说，同样具有依附性，离不开智育活动，是在智育的同时进行的审美教育。数学教学艺术有表演艺术、造型艺术的手法；教师的讲解有声乐艺术、曲艺艺术的手法；教师的板书有绘画艺术、书法艺术的手法等。这些教学艺术都依附于数学智育目标的实现；离开了智育，片面追求数学教学美，片面讲究数学教学艺术，就没有任何意义。因此，我们的数学教学艺术围绕数学教学的智育进行，立足于数学教学论，遵循数学教学规律，遵守数学教学原则。

在逻辑上，数学教学美是将数学教学过程作为审美观照对象，将数学教学活动作为审美客体时产生的审美意识。但事实是，数学教学是师生共同进行的认知活动，它的主体是师生。那么，“客体”在哪儿呢？能够离开教师或离开学生吗？实际上，“数学教学作为审美观照对象”中的“对象”不是像在欣赏一幅名画，比如欣赏达·芬奇的“蒙娜丽莎”那样，把达·芬奇的画作为审美观照对象，欣赏者是审美主体。数学教学艺术的审美观照对象是师生的共同活动，审美主体是师生自己，这是数学教学的审美功能与专门艺术的审美功能在审美关系中的不同之处。

四、数学美育的教学应用

（一）数学美育的概念

所谓数学美育是指在数学教育过程中，培养数学审美能力、审美情趣和审美理想的教育。数学美育又称为数学审美教育，或称数学美感教育。即以数学美的内容、形式和力量去激发学生的激情，纯洁学生的智慧和心灵，规范学生的思维行为，美化学生的学习生活，培养和提高学生对数学美的理解、鉴赏、评价和创造的能力。

（二）数学美育的作用

数学美育是一种数学文化教育，是在数学的学习过程中精神世界层次上的素质教育。它可以在进行数学教育的同时教育学生树立美的理想，发展美的品格，培养美的情操，激发学习活力，促进智力开发，培养创新能力。数学科学虽然是以抽象思维为主，但是也离不开形象思维和审美意识。从人类数学思维系统的发展来看，数学的形象思维和审美意识是最早出现的，即抽象思维是在形象思维、审美意识的基础上发生和发展起来的。在数学教学中充分展示数学美的内容和形式，不仅可以深化学生对所学知识的理解和掌握，而且使学生在获得美的感受的同时，学习兴趣得到激发，思维品质得到培养，审美修养得到提高。下面我们主要讨论数学美的教育功能。

1. 提高学习兴趣

数学，由于它的抽象与严谨，常被学生看作枯燥乏味的学科敬而远之。因此，在数学教学中不断地激发学生的学习兴趣，坚定学好数学的信心是教学的一条重要原则，而要做到这一点，培养并不断提高学生的数学美感则是关键之一，把审美教育纳入数学教学，寓教于美，在美的享受中使心灵得到启迪，产生求知热情，形成学习的自觉性，这将是教学成功的最好基础。如概念的简洁性、统一性，命题的概括性、典型性，几何图形的对称性、和谐性，数学结构的完整性、协调性及数学创造中的新颖性、奇异性等，都是数学美的具体内容和形式。在教学中设计数学美的情景，引导学生走进美好情景，去审美、去享受、去探求，使他们在这些感受中明白其真谛，并激发求知欲和学习的兴趣，也在美的情感的陶冶中激发主体意识。例如对称性，是最能给人以美感的一种形式。

2. 促进学生思维发展

数学思维是人脑对客观事物的数量关系和空间形式的间接的和概括的认识。它是一种高级的神经生理活动，也是一种复杂的心理活动。数学思维的目的在于对事物的量和形等思维材料进行合理的加工改造，达到把握事物本质的数学联系，以便发现和解决实际问题，为人们的认识活动和生产活动服务。数学思维能力的强弱是与个体的智力发展水平密切相关的，思维能力是智力的核心，它在个体身上的表现就是思维品质。数学思维品质主要表现为广阔性，深刻性，灵活性，敏捷性，独创性和批判性六个方面。

数学思维是形成数学美的重要基础，在数学教学中通过对数学美的追求，引导学生获得美感的同时，可以培养学生的思维品质。经常地引导学生去追求数学美，就能不断地提高学生的思维水平。有人说："数学是思维的艺术体操。"很多人都有这样的体会，为解决一道有趣的或很有价值的数学题，探求它的解题思路，寻找解题方法的思维过程犹如欣赏一部"无声的交响乐曲"，而陶醉于它所具有的"主旋律"和"节奏感"的美韵之中。准确而奇妙的思想方法也常常使人感到难以言及的美的享受。因此在数学教学活动中，教师引导学生在五彩缤纷的数学宫殿里漫游，领略数学的美，使学生对数学产生强烈的情感、浓厚的兴趣和探讨的欲望，将美感渗透于数学教学的过程。这种审美心理活动能启发和推动学生数学思维活动，触发智慧的美感，使学生的聪明才智得以充分发挥。

3. 使学生形成积极的情感态度

数学教学中的情感是指学生对数学学习所表现出的感情指向和情绪体验，是有兴趣、喜欢、兴奋、满意？还是讨厌、没兴趣、不高兴？拥有积极的情感是学生学好数学的前提。数学教学中的态度是指一个人对待数学学习的倾向性，是积极的，还是消极的；是热情的，还是冷淡的。这是数学价值观的外在表现。数学情感态度需要培养，数学所蕴涵的深刻美需要数学工作者去挖掘、去推陈出新。

现代认知心理学认为，学习者始终是朝着认知和情感两方面做出反应的，主体对外界信息的反应不仅决定于主体的认知结构，也依赖于其心理结构。兴趣、性格、动机、情感、意志等相互作用，构成个体学习过程的心理环境，它是影响意识指向的直接环境。数学的教学过程是认知因素与情感因素相互交织的过程，这种交织导致一些人厌恶、害怕数学，而一些人喜欢、热爱数学甚至献身数学。调动学生去求美，审美，创美，促进积极稳定的情感态度的形成，应该成为数学教育的重要任务之一。

在以往的教学中，我们可能更多地关注数学学科知识，而较少关注学生在数学活动中的情感体验和精神世界。“一切为了学生成才”的办学宗旨就是为了促进每个学生的全面发展。我们的数学学科应关注知识与能力、过程与方法、情感态度与价值观三个维度，因此，在教学中充分发挥数学美的教育功能，不仅强调让学生认识到什么，还要注重让学生感受到什么、体验到什么，使学生在学到知识的同时，形成积极的情感态度。

4. 使学生形成高尚的数学价值观

价值观的本质就是人对事物的价值特性的主观反映，其客观目的在于识别和分析事物的价值特性，以引导和控制人对有限的价值资源进行合理分配，以实现其最大的增长率。数学价值观就是人们对数学的价值的主观反映。数学和其他科学、艺术一样，是人类共同的精神财富，数学是人类智慧的结晶。它表达了人类思维中生动活泼的意念，表达了人类对客观世界深入细致的思考，以及人类追求完美和谐的愿望。数学与其他科学一样，具有两种价值：物质价值和精神价值。数学是人类从事实践活动的必要工具，可以帮助人们了解自身和完善自身。数学是科学的工具，在人类文明的历史进程中，已充分显示出实用价值。

数学更是一种文化，是人类智慧的结晶，其价值已渗透人类社会的每一个角落。数学本质的这种双重性决定了作为教育任务的数学其价值取向是多极的。数学教育的任务，不仅是知识的传授，能力的培养，而且是文化的熏陶、素质的培养。数学教育的价值体现在通过数学思想和精神提升人的精神生活，培养既有健全的人格，又有生产技能，既有明确生活目标、高尚审美情趣，又能创造、懂得生活的乐趣的人。

因此，通过对数学美的鉴赏和创造可以培养学生高尚的审美情趣，形成高尚的数学价值观。高等院校教学中的数学价值观就是要让学生在学习数学知识和应用数学方法时形成正确的数学意识和数学观念。数学意识和数学观念是指主体自动地、自觉地或自动化地从数学的角度观察分析现实问题，并用数学知识解释或解决问题的一种精神状态。数学绝不是一堆枯燥的公式，每个公式都包含了一种美，这种美既体现了人的理性自由创造，又是大自然本质的反映。教师通过引导，使学生认识到数学美，能使学生形成正确的数学意识和数学观念，从而形成高尚的数学价值观。

5. 培养学生的创造能力

首先，对数学美感的追求是人们进行数学创造的动力来源之一。美的信息隐藏于数学知识中，随着信息的大量积累，分解和组合，达到一定程度时就会产生飞跃，出现顿悟或产生灵感，产生新的结论和思想。所以对美的不断追求促使人们不断地创造。

其次，数学美感是数学创造能力的一个有机组成部分。创造能力更多地表现为对已有成果不满足，希望由已知推向未知，由复杂化为简单，将分散予以统一，这些都需要用美感去组合。

最后，数学美学方法也是数学创造的一种有效方法。数学美学方法的特点有：直觉性，情感性，选择性及评价性。直觉是创造的开端，情感是创造的支持，选择是创造的指路灯，评价是创造的鉴定者。审美在数学创造中的作用，逻辑思维以及形象、灵感思维代替不了，在数学活动中应以美的感受去激励学生创造灵感。

事实上，许多数学家都是这样进行自己的研究工作的，数学美感对数学创造有很强的激励作用。这不但因为数学美感对数学家来说是一种特殊的精神享受，鼓舞着他们去寻找数学中美的因素，还因为数学美本身就是一种创造对象。如前所述，数学的奇异美其实质就是突破传统的稳定去发现新的数学事实。因此，在教学中引导学生去追求数学美必然能引发他们的创造精神。在教学中，教师应充分展示教材的数学美，使学生受到美的熏陶，同时激发他们的创新意识，培养他们的创新能力。

第二节　高等数学教学心理学应用

一、学习动机和审美情趣

学习动机是学习者学习活动的动因、推动力，是使学习者的学习活动得以进行的心理倾向，它是进行学习的必要条件，没有学习动机，学习就失去了动力，再好的教学也难以发挥其有效性。教学活动说到底是学习活动，因此，虽然教育心理研究对学习过程的认识多种多样，但是现代教育心理学对于学习动机的重要性以及对学习动机的认识基本上是一致的。

动机产生于需要，良好的动机不产生于那种不可能满足或难以满足的需要，也不产生于唾手可得的需要。前者因为其可望不可及而令人灰心，后者因为太便捷而易于满足。灰心感和满足感不能产生良好的动机，不可能使学习活动持续下去。最佳的动机往往是“刚好不致灰心失望的那种窘迫感”产生动机的需要有多种，学习动机也相应地有多种。主要有内在动机和外加动机两种。如果学习是为了满足学习者本身的需要而去解除窘迫感，那就是内在动机；如果学习是为了满足学习者以外的需要，为了解除外在压力，那就是外加动机。显然，依据外因是条件、内因是根据的原理，内在动机是学习的根据，当然比外加动机重要。这样说并不否认外加动机的重要性，因为如果学习者暂时还没有形成内在动机即没有学习的需要时，运用一定压力形成外加动机就会成为学习的条件。而且，正如外因在一定条件下可以转化成内因那样，只要创造一定条件，外加动机可以转化为内在动机。

由于学习者自身可以有各种需要，因而内在动机也有不同种类。一种是因生理需要而产生的，叫作内驱力，如饥饿、病痛等需要产生的动机；另一种是因心理需要而产生的，叫作内动力，如交往的需要，兴趣、情感、理想、成就感等产生的动机。显然，内驱力与内动力虽然都是内在动机，但是内动力比内驱力更持久、更稳定。因为，一旦生理需要被满足，便失去了动机；而且，如果说动物有学习的内在动机的话，也都是这种内驱力，因而是低层次的动机。

在内动力中，兴趣和成就感来得更重要些。这是因为，虽然欲望和理想对于学习的进行可能更持久、更稳定，但是欲望来自兴趣，理想有待于成功去强化，对于青少年来说更是这样。如果将兴趣和成就感相比较，兴趣更原始一些。因此，教育心理学家一致认为，兴趣是追求目标的原始动机，在动机中处于中心地位，是动机中最活跃的成分。

兴趣有一般兴趣、乐趣、志趣三个不同发展阶段。一般兴趣是由某种情境引起的、参与探究某种事物或进行某种活动产生的一种心理倾向。兴趣被激发并得到巩固之后，便上升为乐趣。乐趣是具有愉悦的情绪体验的兴趣。乐趣进一步发展，对所参与的事物和活动有了认识，尤其是对其社会意义有了明确认识以后，就成为主体意识的一部分而向意识内化了，这就是志趣。一般兴趣只是一种认识倾向，乐趣则带有情感的心理倾向，而志趣却是自觉的心理倾向。

学生对数学不感兴趣是多年来普遍存在的问题。早在20世纪80年代中期，我国某省的专项调查显示，中学生对数学学习的兴趣在所有课程中居于倒数第二位，近几年，由于学习兴趣的校外转移倾向，局面更有不良的发展。在全世界范围内，都是这样。据2000年10月《日本经济新闻》报道，日本名古屋大学教授浪川幸彦撰文指出，2000年夏举行的第九届世界数学教育大会上，“通过这次会议，感触最深的一点是全世界正在为‘远离数学’这样一个共同的问题而烦恼”。解决这一问题的途径之一，就是在学校教育中提高数学教学艺术水平。

审美趣味是一种审美能力，是对美的判断力。人对某事物或活动的兴趣是对该事物或活动的审美价值有所断定，能够在探究该事物或参与该活动中产生一种愉悦情感，形成审美体验。教育心理学认为，兴趣在审美活动中的培养、引导先天素质的改变，有这样几种情况：他人的感化、自己的思考、习惯的养成、训练。人在教师、父母、同学不断进行的活动中，由于从众心理的作用，别人感兴趣的事物或活动，他自己也会感兴趣，这就是“他人的感化”。在世界观的作用与他人的影响下，由于意识的反作用，不感兴趣的事物或活动往往促使人思考其中的原因。个体经过思考会发现其价值，也就产生了兴趣。这就是自己的思考培养了兴趣。本来，在兴趣与习惯之间，只有有兴趣才能去做形成习惯；但是，反过来，由于某种原因而习惯去做，在反复做的过程中也会产生兴趣，这就是习惯产生兴趣。训练培养兴趣同习惯培养兴趣一样，不同的是训练是“外加”的，是在他人迫使其进行训练的过程中不断提高了兴趣；而习惯培养未必是外加的。数学教学艺术使数学和教学成为学生的审美活动，有助于提高审美趣味，在改变和培养学生学习数学的兴趣方面具有直接的效果，无论是他人的感化还是其他情况都是这样。正如苏霍姆林斯基所说，儿童“学习的源泉就在于儿童脑力劳动的特点本身，在于思维的感情色彩，在于智力感受。如果这个源泉消失了，无论什么都不能使孩子拿起书本来”。对数学教学来讲，数学教学艺术正是使其具有“感情色彩”和“智力感受”的最佳途径。

二、不同教育阶段的数学教学艺术

人的发展是全面发展与阶段发展的统一。教育为适应人的阶段发展进行阶段的教育。在社会主义条件下实行的全面发展的教育是不同阶段的全面发展的教育。

人的阶段发展是生理、心理的阶段发展。瑞士心理学家皮亚杰研究了人的心理发展，他认为，人的心理发展有四个阶段。这四个阶段的发展对于任何人来说都是不变的，不能超越的，个体间的不同只是在各阶段的转换有早有晚，是时间上的差异，而不是在这四个阶段上的不同。四个阶段的阶段性是连续变化的阶段性，是在连续变化之中出现的部分质的不同。人的心理发展的阶段性与连续性的矛盾成为人的心理发展的总趋势。

第一个阶段是感觉运动阶段（0~2 岁），第二个阶段是准备运算阶段（2~7 岁），第三个阶段是具体运算阶段（7~11、12 岁），第四个阶段是形式运算阶段（11、12~14、15 岁）。之后，人的心理发展就基本上稳定了。

同皮亚杰的理论不同的是布鲁纳关于认知发展的观点。布鲁纳认为，在学生智力发展的任何阶段，能以一些心理上简单的形式，把任何学科的任何课程教给任何学生；智力活动在任何地方都是相同的，无论是低年级学生还是从事研究的科学家，布鲁纳的认知发展就不是阶段发展，而是认知方式的发展，是三种由低级向高级形式的发展。最低级的认知方式是动作性方式，其次是映象性方式，最高级的认知方式是想象性方式。动作性认知是指一个人知道做一件事是由会做这件事的一套动作构成的，例如一个儿童在动作上懂得如何骑自行车就是通过骑车的动作来认知的。这种方式不用言语或意向去认识现实事物，而是用动作来反映这一认识，具有高度的操作性。映象性认知是指一个人认识事物是借助于感觉、意向，在头脑中形成事物的表象，由此认识事物的方式。例如，三角形形状的物体在头脑中形成的表象是对三角形的映象性认知，这种认知方式以人的意向为基础。一个意向代表了一个概念，但却是不完全确定其含义的概括性的形象。意向依赖于感觉的组织。想象性认知是指以抽象的、形式的方式来认识事物。例如三角形的概念、三角形全等的定理等等认知活动。这种认知方式的原始期是语言，它高于经验，具有结构性质。布鲁纳认为，人的智力即认知活动到处都一样，不是分成皮亚杰那样明显的发展阶段的，而是这三种方式的发展，无论对儿童还是数学家都是这样。

虽然皮亚杰与布鲁纳对智力发展的看法不同，但是两者的观点也存在相似性。第一，对人的智力发展他们都具有某种“假设”的性质，这种假设是建立在观察研究的基础之上的；第二，在我们看来，皮亚杰的感觉运动阶段对应于布鲁纳的动作性方式，具体运算阶段对应于映象性方式；形式运算阶段对应于想象性方式。而准备运算阶段则相当于动作性向映象性方式的过渡。

三、行为主义学习理论与强化教学艺术

（一）行为主义心理学对学习的看法

由桑代克、华生等开创而后由斯金纳等发展的行为主义心理学派，虽然学派内部对学习过程的具体说法有不少的差异，但是大体上有着相当一致的看法。

桑代克等认为，学习是学习者在学习情境下接受的刺激与引起的反应之间的联结，学习的过程是“试误”的过程，其学习理论被称为联结主义。刺激用S表示，反应用R表示，学习就是这种S—R之间的联结。桑代克做过著名的“猫开笼”实验。把猫关在笼子里，外面放着食物，如果猫砸开关门的闩、环等，便可打开门进食。1898年他在博士论文《动物智慧：动物联想过程的实验研究》中写道：“被放在笼里的猫显示不安和逃脱拘留的冲动，它试图从任何空隙挤出来；它抓和咬木条或铁丝；它从任何空挡伸出爪子；

抓一切可以抓到的东西；它一旦遇到松动不牢的东西，就持续抓咬。”当碰到门闩或门环等开关时，就能把门打开。以后，“所有其他导致失败动作的冲动将逐渐（也就是在若干次尝试的过程中）消失，而导致成功动作的特殊冲动因愉快的效果而逐渐牢固。经过多次尝试，最后，猫一放进笼里，就立即会以一定的方式抓闩或环来打开笼门”。猫在被笼关起来，在没有食吃这一情境刺激（S）之下，引起开门这一反应（R），它们之间的联结是经过多次乱抓乱咬的尝试，逐渐去掉错误的动作，改正错误的过程。因此，学习过程就是情境刺激（S）与反应（R）之间的联结，就是“尝试和改正错误”的过程，即“试误”过程。人的学习与动物一样，只是人的试误有着有意识的分析与选择，而动物则是无意识的罢了。

据此，桑代克提出了以练习律与效果律为主要内容的学习规律。练习律认为，学习要经过反复的练习；情境刺激与反应形成的联结，如果再加以练习或使用，则联结会加强，否则就会减弱。以猫开笼为例，如果反复加以练习，猫开笼的试误时间会越来越短；如果在猫开笼较快以后长时间不练习，猫开笼又须重新试误，耗费时间就长了。效果律认为，当情境刺激与反应之间联结建立的同时或随后，得到满意的结果，这个联结就会加强；联结建立的同时或随后，得到不满意的结果，这个联结就会减弱。以猫开笼为例，打开笼后若有食物，则以后开起来会快；打开笼后若不仅没有食物还会挨揍，则以后可能开得慢或不去开它。

斯金纳在巴甫洛夫条件反射学说基础之上提出了反应型条件反射的学习理论。

巴甫洛夫的条件反射是说，“当铃声与食物一起出现时，狗对食物的刺激产生无条件反射的反应 R，分泌唾液；多次重复以后，当铃声作为刺激 S 单独出现时，狗也会分泌唾液，产生条件反射的反应 R”。这里狗面临的是已知的情境，而且先有刺激 S（铃声），后有反应 R（分泌唾液）。研究的是大脑神经的活动。

斯金纳的实验设备叫“斯金纳箱”，他简化了桑代克实验中许多无关的反应，用小白鼠做实验，只让小白鼠接触到杠杆时做出压杠杆这一种反应。

而且也去掉了许多无关的刺激，只要小白鼠压了杠杆便可有食物丸从箱子的孔中掉进来。将饥饿的小白鼠放进箱子里，它到处爬，偶然的机会爬上了横杆，将杠杆压下来后食物丸就从洞里掉了下来。它吃了以后还爬，再次爬上横杆压下杠杆时食物丸又掉下来，小白鼠又吃了，几次尝到甜头以后，小白鼠逐渐减少了多余的动作，“学会”了直接压杆取食的操作技能。斯金纳将这个学习叫作“操作性条件反射”的学习。

操作性条件反射与巴甫洛夫的条件反射不同，一般把巴甫洛夫的条件反射称为“经典性条件反射”。前面说过，经典性条件反射是动物已经知道情境的刺激，先有铃声——刺激 S，后有分泌唾液——反应 R，是 S—R；研究的是大脑的神经活动。而操作性条件反射是动物未知情境的刺激，小白鼠并不知道爬到哪里会有食物丸，是做出反应 R——压杠杆，后出现刺激 S——掉下食物丸，是 R—S；研究的是动物外部显现的行为。

斯金纳把对动物实验的结果引申到人类的学习即操作性条件反射的学习，提出强化学习理论。实际上，桑代克联结主义学习理论和华生的行为主义学习理论已经有强化的思想，但是以练习律和效果律的形式提出来的。桑代克后期主张把练习律与效果律结合起来，认为情境刺激与反应形成的联结，经过练习后，得到满足的结果，这个联结便会得到加强。斯金纳认为，如果在操作性活动（小白鼠压杠杆）发生后呈现了强化刺激物（食物丸掉下来）就能强化同一类操作性活动（小白鼠再次压杠杆）这一反应出现的概率。这是学习的规律，而且可以被用到人类的学习上来。这就是强化理论。他说，“只要我们安排好一种被称为强化的、特殊形式的后果，我们的技术就会容许我们几乎随意地去塑造一个有机体的行为”。而且，斯金纳认为最有效的强化是把行为模式分成许多小单位，对每个单位保持强化。为了使任何方面都变成学习者力所胜任的，必须把整个过程分成非常多的很小的步骤，并且强化必须视每个步骤的完成情况而定……通过使每个连续的步骤尽可能地小，就能够使强化的次数提高到最大限度，同时，“把犯错误可能引起的令人反感的结果减少到最小限度。”这就是他据此提出的“程度教学”的基本含义。

行为主义学习理论是从对动物的研究引申到人类学习的，将人类的一切学习归结为情境刺激与反应的联结或行为的改变，显然有机械唯物论的倾向。把行为模式分成许多小单位，只重局部轻视整体的学习不仅不合乎格式塔学习理论，而且也不科学。但是，行为主义重视情境刺激和学习者反应的关系，以及相应的强化理论，对学习及教学都有着重要的意义。

（二）强化教学艺术

无论是桑代克的练习律与效果律还是斯金纳的强化理论，都将有效的学习看做强化的过程。在数学教学中应当以此为理论基础，讲究强化的艺术。

强化一般有外强化与内强化两种。外强化是在学习者出现所要求的反应或行为以后，教师等他人给予的肯定、赞赏或奖励。这种外部的强化可能是满足学习者物质上的要求，也可能是满足其心理上的要求。内部强化是学习者出现所要求的反应或行为后，自己体验到的一种愉悦感、成功感等。这种强化主要是满足自身心理上的要求。学生做对了题受到老师的表扬、家人的夸赞，是外部强化；学生做题时经过钻研，运用了很多技巧终于找到了解题的方法和正确答案，自身有一种愉快的体验，是内部强化。外部强化与内部强化都使学生的学习得以持续下去。

行为主义的强化理论立论于增强学习效果或提高反应、行为出现的概率，立足于加强学习动机和提高学习效果这两个互为因果的方面。

从加强学习动机的方面说，内在动机或内动力优于外加动机，在数学教学时教师应引导学生尽量将外部强化转化成为内部强化。这是因为内部强化是对自身学习获得满意效果时的一种愉悦的体验，是对自己学习成果的积极评价，能够强化内动力。外部强化转化成内部强化时，外部的肯定、赞赏和奖励转化成自身的体验，也在强化内动力。儿童在做数学题时往往愿意问老师“我做得对不对？”教师回答说“对！”儿童似乎万事大吉了；如果教师反问他：“你自己看看对不对？”当他自己重新检查一遍认为没有错误，教师再告诉他：“不仅对，而且这样检查一遍很好”，便是引导学生向内部强化转化。对于青少年学生，尤其要引导他们实现这种转化。在课堂提问中，不仅要求正确的答案，而且要求比较各种解答、做法的差别，鉴别出简捷、巧妙的解法，启发他们在选优的过程中体验数学美，培养美的情感。不仅要求

“对”而且要求“好”，把外部强化转化成内部强化。

从提高学习效果说，通过练习和强化，巩固知识，有助于提高运用知识的准确性和敏捷性，熟练技能技巧，从而培养学生的能力和个性品质。在进行练习时，教师要把握重复练习题的数量恰好是学生能够掌握知识技能而开始感到厌烦的时候，重要的是练习内容。练习的内容应当是基础知识，即那些基本概念、基本公式、定理和基本的数学方法。至于数学能力，主要是通过需要相应能力的数学问题来体现。

强化教学在基本概念、公式、定理和方法教学中的应用，有时需要运用一些口诀作为辅助。小学算术中主要是乘法口诀即“九九表”和规则图形面积口诀“长方形和平行四边形面积等于底乘以高”“三角形面积等于底乘以高被 2 除”“圆的面积等于 π 乘以半径的平方”等。对于加减法的加法口诀即“凑十法”，1、9、2、8、3、7、4、6、5、5 得 10，一般不做口诀处理。但在心算中它确实起很大作用。解应用题时，若按传统的机械化方法，如和差问题“和加差除以 2 为大数、和减差除以 2 为小数”，鸡兔同笼问题“鸡兔共 x 只，将腿数（y）减去头数（x）二倍，除以 2 为兔子数，总头数减去兔子数为鸡数”等口诀，在现在已由分析法代替，不必去记这些口诀。在中学数学中，除非基本公式需要牢固记忆要配以口诀以外，一般不宜编选更多的口诀，因为与其记那么多口诀不如在理解基础之上，尤其是综合基础之上掌握运用方法。即使如此，编成一些形象化的口诀对于一些基本公式仍然是必要的。

练习作为强化的手段在我国有极大影响，“题海战术”就是这种思想。早在 20 世纪 30 年代，桑代克本人也认为练习律应与效果律结合，练习不应当是简单重复。实践也证明，练习的数量并非学习质量的决定性因素。通过简单的重复直到计算技能几乎变成了机械的计算，这样的方式正让路于把数作为某个集合的数量多少的特性来发现。因此，为了减少机械练习的盲目性，应当引导学生逐渐明确练习的目的，而且使学生将正确的范例留在意识中，注意练习的时间分配，讲究短时的分散练习，避免长时间集中练习可能带来的疲劳、厌烦和注意力降低。根据遗忘曲线，在最初，遗忘的速度较快，因而练习时机一般应在新知识、技能学习不久后。此后，还要结合进一步的学习及时练习。在练习时，由于人们在单纯刺激下神经细胞的反应易于钝化，所以练习不应是简单的重复，要变换练习的内容、形式和方法，使学生，尤其是儿童，不断获得练习的兴趣。

第三节　高等数学教学社会实践应用

一、数学教学与学生的社会化

（一）数学教学的社会化功能

教育社会学认为，“个人接受其所属社会的文化和规范，变成社会的有效成员，并形成独特自我的过程”称为社会化。教育与社会化之间的关系是“社会化是一般性的非正式的教育过程，而教育乃是特殊性的有计划的社会化过程”。在今天看来，现今社会的有效成员不仅要接受社会文化和社会规范，还要突破某种文化和规范的限制进行创造性的思维和实践。

教学，作为学校教育的主要方式，当然也具有这种社会化功能，它是一种特殊的、有计划的社会化过程。通过教学，使学生接受社会文化和社会规范，并进行创造性的思维和实践，同时形成自己的个性。数学教学，如第一章所述，是以数学为认知客体的教学。它也具有一般教学所具有的社会化功能。不过，作为这一社会化的特点是，学生接受的是数学科学、数学技术和数学文化，以及相应的规范。

社会化过程是有条件的。一个人的社会化进程取决于这个人的个体状况，他所处的环境状况，以及个体与环境的交互作用的状况。个体身心发展状况是个人社会化的基础；环境对个人社会化进程有巨大的影响，其中，给人以最大影响的社会文化单位是家庭、同辈团体、学校和大众媒体。

从学校教育的社会化功能这一角度来说，数学教学既是一种科学教育，也是一种技术教育，同时还是一种文化教育。

（二）社会化的机制——认同与模仿

儿童的社会化有各种机制，主要的是认同作用与模仿作用。在社会生活中，儿童通过观察成人或同辈人的行为，有着一种重复他人行为的倾向，当这种重复是无意而采取的，便是认同作用；当这种重复是有意而再现的，便是模仿作用。

在学校情境下，儿童的范型往往是教师。数学教师本身的形象和气质以及他所呈现的教学方式对儿童的行为有着决定性的意义。数学教师主要在课堂教学过程中展现他的形象与气质，如果他的外部形象整洁、精神、落落大方，对待学生和蔼可亲、要求严格而合理，言谈举止很有风度，那么作为范型，便能够补偿学生自身特质的不足，使学生产生认同作用，无意地采取教师的行为方式；或者产生模仿作用，有意地再现教师的行为方式。反过来，如果教师的外部形象不整洁、精神萎靡，对待学生声色俱厉、要求不严格或虽严但不合理，言谈举止毫无风度可言，那么，他或者作为范型，使学生产生认同或模仿，有意无意地重复不合乎社会期望的行为方式；或者使学生将其与正面对象比较，产生范型混乱，不利于学生的社会化。如果数学教学过程只是作为数学科学的教学，或只追求教学的科学性，不突出数学的美，不注意数学教学的技艺或艺术创造，数学教学所呈现的方式不具有形象性或艺术性，那么这种教学方式不能使学生产生美感，便不易引发学生对教学方式的认同或模仿。

因此，把数学及其教学作为审美对象的数学教学艺术，有利于树立正面的范型，使学生产生认同或模仿，易于在传播数学知识的同时，使学生接受社会认可的行为、观念和态度，起到社会化的作用。

二、数学教师的社会行为问题

教育的社会化功能主要是指学生的社会化，但是学生的社会化要求教师的社会化。教师的社会化归结为个人成为社会的有效教师即合格教师的这一关键问题上来。教师社会化的过程一般分为准备、职前培养和在职继续培训三个阶段。准备阶段是普通教育阶段，对教师的社会形象进行初步了解。职前培养通常在师范院校或大学的教育专业进行。这是教师社会化最集中的阶段。在这个阶段，教师知识技能、职业训练以及教师的社会角色和品质，通过教育习得。在职培训是在做教学工作的同时继续社会化，是臻于完善的时期。

（一）与学生沟通的艺术

教学是一种特殊的认知活动，师生双边活动是这种认知活动的特殊性的表现之一，数学教学活动顺利进行的起点是数学教师与学生相沟通，因此，讲究与学生沟通的艺术是数学教学艺术对教师社会行为的首要条件。

沟通的基本目的是了解，毫无了解必将难以沟通。因此，应当在对学生有基本了解的情况下来沟通。在学生入学或新任几个班的数学课时，通过登记簿、情况介绍等了解学生的自然情况、学习情况、身体情况、思想状况，尤其是学生的突出特点、个人爱好，做到心中有数。这种了解是间接了解，在跟学生第一次个别接触时就使他认为教师已经了解了他的基本情况，比通过直接接触才了解要好得多。如果第一堂课便能叫出全班学生的名字，学生便会产生一种亲切感。反过来，如果第一堂课只能叫出数学成绩不好的一两个学生的名字，效果可能正好相反。如果第一次个别接触时对一个表现较差的学生说“你在小学四年级参加过航模比赛”，那就意味着你看重他的钻研精神；对一个学习好的学生说，“你的学习成绩一直很好”，就意味着表扬他的学习；对一个好动的学生说，“你最近听课精神挺集中的”，这说明赞赏他最近的课堂表现，等等。

师生沟通如果是“问答式”，那么学生会处于“被询问者”的被动局面，情感的交流便不会充分。而“交谈式”则不同。教师对学生具有双重角色：既是“师”，作为学生认同或模仿的模式；又是“友”，作为学生平等合作的伙伴。“师”的角色是显然的，在师生沟通中学生明显地知道这一点；而“友”的角色却是隐蔽的，只有在沟通中使学生具有平等感，学生才能逐步认可。交谈式的沟通，师生相互谈自己的情况，捕捉感兴趣的共同点，在了解学生的同时，学生对教师也有所了解，才能建立一种师生间的伙伴关系。除交谈式沟通外，更好的是在共同活动中师生的合作。在合作的教学活动中，减少学生对教师的依赖，增加自律感。教师要避免在共同活动中发号施令，允许学生依自己的方式行事，这样的合作是平等的沟通。

教师在教学情境中尽量避免伤害学生的感情。如果学生做错了题，不能表现出蔑视的眼神或动作，而应当用友好的表情暗示他做错了；也可以用手指着他错的地方说“你再仔细看看”。如果学生听课时在做别的事，应当避免在课堂上单独指出，可以泛指，眼睛别盯着他，让大家注意听讲；也可以课后单独友好地询问，问他是什么原因上课走神。一定要指出学生的错误，也尽量不用指责的语言，而用中性的语言，比如“可能学习基础不好”之类。

（二）赞赏与批评的艺术

赞赏与批评是特殊的沟通，它们是通过教师对学生行为的评价来进行的沟通。赞赏是教师对学生的良好思想、行为给予好评和赞美，批评则是对受教育者的思想行为进行否定性评价。

赞赏的恰当与否对沟通会起到不同的作用，恰当的赞赏起着积极作用，不恰当的赞赏起着消极作用。恰当的赞赏是肯定学生的合乎社会规范的行为，但不涉及学生的个性品质；不恰当的赞赏是肯定不应当肯定的行为或虽应肯定但同时涉及了学生的个性品质。如果一个学生创造性地解决了一个数学问题，教师说“你这个方法真巧妙，很好”，就是恰当的赞赏；如果说“你这个方法真巧妙，你真是个好学生”，那就涉及了个性品质。后一种赞赏在肯定学生行为的同时也做出了“好学生”的评价；那么，没有想出这个巧妙方法的学生就成了“坏学生”了。即使是对受表扬的学生来说，将“巧妙的方法”与“好学生”等同起来也是不对的。对不应当肯定的行为的赞赏，其消极作用是不言而喻的。赞赏的区别在于“对事不对人”。具有这种赞赏艺术培养的是对学生行为客观、公正的态度。一般说来，学生虽未成年，但也有憎爱情感和矛盾感。因此，赞赏的根据是“事”，而不是做出此事的“人”。是对事的赞赏就不必涉及个人的品质，对待个人品质的评价必须谨慎。教师对学生在接近程度上有远近，有的可能喜欢些，有的一般，另一些可能较厌烦。可是在赞赏时切不可从这种感情出发。事实上，第一，形成教师的情感的主观印象未必可靠，而且学生是发展变化的，将学生分三等的做法本身就不正确。第二，在这一方面，可能这些学生表现好些；在另一方面，可能那些学生表现好些。只有对事不对人，不涉及学生的个人品质，避免成见，实事求是，赞赏才能起到积极的作用。否则，表扬了一个人，疏远了一大片。

赞赏对于不同的学生可能引起不同的效果。一般来说，对于在学校或班级地位较低的学生，教师的赞赏与其学习成绩成正相关；对于地位较高的学生，赞赏与其学习成绩相关性小，甚至负相关。这是由于这样的学生常常受到赞赏，视其为当然。而地位低的学生，会由于得到好评而受到鼓励。

与赞赏相反的是批评，批评是对学生思想或行为的否定性评价。同样地，批评的恰当与否对沟通也会起到不同的作用。批评更不要涉及个人品质。如果某学生做不出其他学生都会做的题，一般不能批评，而是说："你看看是什么原因不会做？是题目没懂还是刚才没听明白？"如果是没有认真听讲，就说："请上课时集中精神，"或批评他"没用心听课怎么能会呢？"不应当批评说"你这个学生连这道题都做不出来，真笨！"对地位低的学生的批评也不能随便，因为经常批评被他视为当然；尤其是不应当否定的行为，一旦批评了，使他产生逆反心理，拉大了与教师的距离。与赞赏相比，批评更加不能用"一贯"或"最"之类的评价。不能因为一次考试打小抄而批评说"你这个孩子最坏"；也不能因为学生多次不完成作业而说"你一贯不完成作业"。同样地，批评也要具体，尽量避免笼统的批评。

（三）课堂管理的艺术

课堂管理是顺利进行教学活动的前提。它的目的是及时处理课堂内发生的各种事件，保证教学秩序，把学生的活动引向认知活动上来。

课堂管理有两种不同的手段，一种是运用疏导的手段进行管理，另一种是采用威胁和惩罚的手段进行管理。前者是常规管理，后者则是非常规管理。有效的管理是常规管理，非常规管理往往因为学生的消极或对立而无效，最多被暂时压制下去。

疏导的手段有两种控制力量在起作用，一种是学生自我约束的内在控制，另一种是课堂纪律的外在控制。学生的自我约束是明确了学习目标、为完成学习任务而进行的自我调解活动，把自己的行为控制在有利于完成学习任务的范围以内；课堂纪律则是从反面对影响学习活动的行为的限制。教师的疏导就是将不利于学习的行为引导到有利于学习的行为，把纪律的合理性与学生的自我约束统一起来。这样，既保证了教学秩序，又化解了学生的消极或对立。强调课堂纪律是为了保证教学秩序，不是为了纪律而纪律。常规管理的根本目的是发展学生的自我约束能力，只有将纪律转化为学生的自我控制力，把“他律”转化为“自律”，管理才能有效。

在处理课堂纪律和学生自我控制能力的关系上，要讲究教育方式和主动方式。教育方式就是不去正面指出某学生违反了纪律，而是通过另一些学生克服困难遵守了纪律来教育他们。一个学生因晚起床而迟到，另一个学生家很远却按时到校，那么不必当面批评前者，而应表扬后者，这就是教育方式。有些学生不耐心听讲，只要他没有影响教学秩序，就不应当过多地指责他们，而应当通过教师生动的讲课来吸引他们的注意力，主动地承担起保证教学秩序的责任，这就是主动方式。

常规管理的疏导有说教、批评和制止三种形式。有人认为说教是婆婆妈妈，往往不起作用。实际上，说教的要点是利害分析，从违反课堂纪律能够得到的效果入手进行恰如其分的分析，使其明白危害。这样的说教不仅不能取消而且要提倡。问题是，第一，不能反反复复就那么几句话，而应“见好就收”；第二，不能空洞，泛泛而论，小题大做，而应实事求是。疏导不等于不批评，但要抓住典型事例，进行善意的批评。对一般的有碍课堂秩序的行为或暂时不明了的事件，只需制止或课后处理。正确运用这三种形式，哪些要说教，哪些要批评，哪些要制止，要看事情的性质、轻重以及发生的条件。而且目的是维护教学秩序，有利于数学教学活动，不是为了管理而管理。

教师要善于管理，其基点是尊重学生。有些学生在课堂上的行为，一般来说总有他的“道理”，“因为听不见老师说的话，我才问同学”，结果询问变成了讲话，声音大了影响了课堂教学；“因为老师讲的好像不对，我才翻书”，结果没听到老师讲的内容，提问我不会答；“因为他把我的椅子碰歪了我坐在地上，我生气就打了他”“因为他借我的书总不还我，我才拿了他的笔，他要我不给被您看见了”，等等。

由于数学概念的抽象、命题推演的严密、数学方法的技巧性等，对于课堂内的偶发事件，教师往往容易冲动。内心的冲动容易使心理不再平衡，这时要谨记，保持冷静才能实行常规管理。

数学教学给数学教师的社会行为提出了很高的要求，正如一位教师所说，“我早已明白儿童的需要，并且记得一清二楚，儿童需要我们接纳、尊重、喜欢和信任他；需要我们鼓励、支持和逗他玩；需要我们引导使他会探寻、实验和获得成就。天啊！他需要的太多了，而我欠缺的是所罗门王的智慧、弗洛伊德的眼光、爱因斯坦的学识和南丁格尔的奉献精神”。

三、师生关系

（一）善于组织班级

教师面对的学生首先是学生的班级与各种同辈团体，其次才是学生个人。班级与同辈团体不同，班级是学校的正式组织，而同辈团体则是非正式组织。处理好师生之间的人际关系首先要处理好教师与学生班级间的关系。

教育社会学认为，班级是由班主任（或辅导员）、专业教师和学生两种角色——教师与学生组成的，通过师生相互作用的过程实现某种功能，以达到教育、教学目标的一种社会体系。这种社会体系有些什么功能呢？美国的帕森斯认为有社会化功能和选择功能；有人提出还有保护功能，我国有人提出还有个性化功能。社会化是指培养学生服从于社会的共同价值体系、在社会中尽到一定的角色义务等责任感，发展学生日后充当一定社会角色所需的知识技能和符合他人期望的能力。选择功能是指根据社会需要在社会上找到他所选择的位置以及社会对人的选择。保护功能是指对学生的照顾与服务。个性化功能是指发展学生个体的个性生理心理特征。

数学教师与学生班级之间是通过数学教学活动相互作用构成一个整体的，是通过数学知识、技能的传递培养学生充当一定社会角色的能力，为学生适应社会选择以及发展个性和生理、心理特征服务的。熟练的数学教学技艺和创造性的数学教学，不仅生动形象地传递数学知识与技能，而且表现了数学美和数学教学美，使数学教学具有感情色彩，给学生适应社会选择创造必备的条件。对一般学生而言，数学教学艺术能够培养学生学习数学的兴趣，以形式化、逻辑化的数学材料完善其认知结构；对于特别爱好数学的学生而言，数学教学艺术能够提高他的形式化、逻辑化思维水平，促进其心理发展。反过来，必要的认知结构也符合社会共同的价值体系，在普及义务教育的条件下更是这样，较高的形式化、逻辑化的思维水平也便于进行社会选择。因此，数学教学艺术有利于发挥班级作为社会体系的功能。

教育社会学还认为，影响班级社会体系内部行为的有各种因素。盖泽尔和赛伦认为主要有两个：一个是体现社会文化的制度因素；另一个是体现个体素质与需要的个人因素。因此，教学情境中班级行为的变化相应地有两条途径：一条是人格的社会化，使个性倾向与社会需要相一致；另一条是社会角色的个性化，使社会需要与学生个性特点、能力发展等相结合。这两条途径的协调，取决于教师的“组织方式”即教师在组织班级活动时的组织方式。他们认为有三种方式可供选择：第一，“注重团体规范的方式”，把重点放在制度、角色期望方面即人格的社会化；不重视学生个人素质与需要；第二，“注重个人情意的方式”，把重点放在个人的期望与需要方面即社会角色的个性上，引导学生去寻找对其最有关的东西；第三，“强调动态权衡的方式”，既注重社会化又注重个性化，在两方面的相互作用中寻求平衡，数学教师组织班级的数学教学活动，应当采取第三种方式，既要有统一的教学目标的要求，又要从每一个学生的实际出发。这就要求数学教师对教学大纲中规定的目标有一个正确的认识，把每一科的各单元以至各节课的教学目标转化为适应各种要求的数学问题。“问题是数学的心脏”，以问题带目标，以目标体现社会化要求。一方面，问题及目标应当合理，适合班级学生的认知水平，才能为学生全体所接受。另一方面，每一个学生都要认同教学目标，将这些教学目标变成数学学习需要的一部分。

另外，教育社会学还提出了教学中教师与班级学生间互相作用的交互模式。艾雪黎、柯亨、斯拉特等人认为，师生班级教学有三种模式：教师中心、学生中心和知识中心。第一种，教师中心模式。以教师的教学为师生的主要活动，教师代表社会，以教师把握的社会要求、制度化的社会期望来直接影响学生，为了达到目标而达到目标，学生被动活动，这种交互模式易于出现教师专横，学生消极甚至反抗。第二种，学生中心模式。教师从学生的素质和需要出发组织教学活动，教师处于辅导地位，以学生的学习动机来控制学生，采取民主参与的方式，教学目标是为了学生的发展。这种交互模式有利于发挥学生的积极性，但易于与社会目标相背离。第三种，知识中心模式。强调系统知识的重要性。师生教学是手段而非目的，目的是掌握所需要的知识。

数学教学既要传授知识，又要发展学生的智能，还要起到教师的主导作用。数学教学艺术要求协调教师、学生、知识之间的关系，发挥三者各自的长处，克服其弊端。

（二）正确引导学生的同辈团体

在学校中，学生个体除受到教师等成人环境的影响以外，还要受到同辈团体的影响。同辈团体是指在学生中地位大体相同，抱负基本一致，年龄相近，而彼此交往密切的小群体。学校中学生的同辈团体虽然不是正式的社会组织，没有明令法规和赋予的权利、义务；但是学生在同辈团体环境中地位平等，又有自己的行为规范特征和价值标准，因而有相对于社会文化的亚文化。但这种亚文化不像校风、班风那样的亚文化，它有时与学校的主流文化一致，有时相背。比如学校赞成的是学习好、参加活动积极、原则性强的学生；而学生则更多地从个人价值意义的角度看待别人的行为，往往重视学习以外的价值。有关研究表明，学生同辈团体的亚文化都偏重于非学术价值，男学生往往重视体育运动，女学生往往重视人缘，学习成绩反而不重要。

数学教师往往对数学学习成绩低下的学生同辈团体采取冷漠态度，这只会加深这样的同辈团体与数学的阻隔；而对数学感兴趣的学生一般并不形成同辈团体，也很少在不同同辈团体中有较大的影响力。因而数学学习好一般不能成为学生同辈团体的价值标准。在基础教育尤其是义务教育中，数学学习与学生同辈团体的这种相悖的状况不利于数学教学。

数学教师应当在教学情境及学校活动中正确引导学生的同辈团体，巧妙地施加影响，正确发挥同辈团体的功能，引导其向有利于数学教学的方向发展。主要有这样几个方面：第一，虽然同辈团体的亚文化有时与社会行为规范和价值标准相背离，但是它依然能够反映出成人社会的特征。学生可以通过同辈团体学习成人的伦理价值，诸如竞争、协作、诚实、责任感等标准。所以，只要数学教师对他们不采取敌对态度，友善地对待他们，就可以巧妙地加以利用。例如，数学基础较差的学生，如果受某个同辈团体的影响较大，那么教师就可以鼓励另外一些基础较好的学生对他进行帮助，这就是发挥同辈团体中的协作精神，利用他们的责任感。第二，同辈团体具有协助社会流动的功能。学生来自社会各阶层的家庭，例如工人、农民、干部、知识分子等家庭，受家庭或社会的影响，学生可能有获得较高社会地位与较低社会地位的志愿。而学生同辈团体可以因各种原因而接纳不同家庭背景和不同志愿的学生。这样，同辈团体有助于改变家庭的影响与社会地位。前面说过，对数学感兴趣的学生一般并不形成同辈团体，但不是说一定不能形成这样的团体。事实证明，我国广泛组织起的“数学课外小组”或类似的学习小组，能够在其他同辈团体之外建立起来。不过，这多数取决于数学教师的努力。数学教师在与学生相互沟通的基础上取得学生的同意，可以建立起这样的小组。不同家庭背景，不同志愿，甚至不同学习基础的学生被吸收进这样的小组，可以形成超越家庭背景、志愿高低，甚至学习基础的影响。第三，同辈团体的成员往往把同辈人的评价作为自己行为的参照系，这就是同辈团体作为一种参照团体的功能。研究表明，聪明、有智慧、学业优异的学生不一定能在同辈团体中享有威望，这就说明同辈团体成员不一定把学习好作为自己行为的参照系。而体育运动好、外表俊美潇洒、长于某种技能的学生可能成为同辈团体的楷模。有的学生宁愿受到孤立而乐于学习，或者这样的学生形成独立于其他团体的小团体。对此，数学教师要善于引导同辈团体内的数学爱好者，让他们有限度地培养作为团体参照系的行为能力，以取得团体内的威望。

（三）师生的交互作用

教师与学生在数学教学情境下相互交流信息与感情，相互发生作用。我们探讨数学教学艺术与师生交互作用的关系，就要掌握师生交互行为、师生交互方式、师生交互模式、师生关系的维持对数学教学的意义。

1. 师生交互行为

美国的安德森等将师生的交互行为分为两类：一是教师对学生行为的控制，二是教师对学生行为的整合。前者称为“控制型”，是教师通过命令、威胁、提醒和责罚来控制学生的行为。后者称为“整合型”，是教师同意学生的行为、赞赏满意的行为、接受学生的不同意见、对学生进行有效的协助。在数学教学中，控制型使学生的学习陷入被动，往往呈现较多的困难。整合型能够整合教师与学生的正确意见和行为，师生双方及时交流信息和感情，学生学习主动，乐意解决问题。这两类交互行为都可能在数学课堂中出现，对学生学习的影响却大不一样。数学教师应当慎用控制型，多用整合型。

2. 师生交互方式

里维特和巴维拉斯曾分析了五人小团体交互的五种方式：链式、轮式、环式、全通道式与 Y 式，其中，轮式中有一个居中的领导者。其他成员只与这个领导者发生行为关系。显然这种方式最贴近师生课堂教学的交互方式。可见，师生交互方式应当接近于轮式的扩充。虽然这种方式有稳定的组织，但是学生之间的沟通不足，在“老师讲学生听，老师问学生答”的传统讲授法数学教学中，师生的交互方式就是这样。但是，在讨论方式的或有意义呈现教学的课堂里，这种轮式交互方式便需要加以必要的改造，那就是要适当吸收全通道交互方式的优点，使学生间有一定的交互活动，以适应他们学习上的需要。

教师的七类行为分别是：第一类，接纳，接纳学生表现的积极或消极的语言、情绪。第二类，赞赏，赞赏学生表现的行为。第三类，接受或利用学生的想法。第四类，问问题，提出问题让学生回答。这四类是教师对学生间接影响的行为。第五类，讲解，讲述事实和意见，表示教师自己的看法。第六类，指令，给学生以指示、命令或要求，让学生遵从。第七类，批评或维护权威，批评、谩骂，以改变学生的行为，为教师的权威辩护。这三类是教师对学生直接影响的行为。学生的行为是第八类，反应，由教师引起的学生做出的反应；第九类，自发行为，由学生主动做出的行为。

弗兰德斯将教学过程分为三个阶段，每个阶段有两步，以便分别研究教师的行为在不同阶段对学生行为的作用。第一阶段是教学的前阶段，第一步，问题的引起与提出，第二步，了解问题的重要性；第二阶段是教学的中阶段，是第三、四步，第三步，分析各因素间的关系，第四步，解决问题；第三阶段是教学的后阶段，是第五、六步，第五步，评价或测量，第六步，应用新的知识于其他问题并做出解释。

弗兰德斯的研究表明：在教学的前阶段，教师的直接影响即教师的第五至第七类行为，会使学生的依赖性增加，导致学生成绩降低；反之，教师的间接影响即教师的第一至第四类行为会减少学生的依赖性，而且学业成绩提高。在教学的后阶段，教师的直接影响不至于增加学生的依赖性，而会提高学业成绩。

数学教学过程中，教师应参照弗兰德斯关于师生交互作用模式的研究，善于运用对学生的直接影响和间接影响，在教学过程的不同阶段恰当地施加不同的影响。无论概念教学、命题教学还是问题解法教学，在导入新课和进行教学目标教育的第一阶段，都应当运用教师对学生的间接影响，接受学生的感受并利用学生的想法，赞赏学生的有益意见或者提出问题让学生回答。这样来减少学生对教师的依赖，激励学习动机，增强学习的主动性。但是，在评价、训练或强化教学的教学后阶段，则可以对学生施以直接影响，进行讲解和指令。对于教学的中阶段，即分析问题和解决问题的阶段，应依具体情境交替施以直接影响或间接影响。这个阶段比较复杂。若这个教学阶段有前阶段的性质，就是说虽然是分析解决问题，但具有了解问题的性质，则类似于第一阶段；若这个教学阶段有后阶段的性质，就是说虽然是分析解决问题，但具有评价的性质，则类似于第三阶段。

3. 师生关系的维持

师生关系是人际关系中最微妙的形态之一，如何维持好师生关系是极为重要的。师生关系的维持有许多因素，其中最主要的是教学目标和班级的气氛。

教学目标是教育目标在教学领域的体现，它同时成为学生的学习目标和课程编订的课程目标。教学目标既有社会要求，又要促进学生的身心发展。在教学计划体系中，教学目标主要在教学大纲中规定。因此，作为师生教学活动出发点和归宿的教学目标，是维持师生关系的纽带。数学教师不仅要根据教学大纲的规定深入研究课本上的教学内容，将规定的教学目标分解成各节课堂教学的具体目标；还要根据教学班学生的认知发展的实际，将目标的提出合理化，为所有的学生认同。这样，作为师生教学活动努力的共同目标，将加强师生之间的关系。

班级气氛除学生的班风等本身的基础之外，在课堂教学中往往取决于教师的“领导方式”。教师对学生不是隶属体制下的领导与被领导、上级与下级的关系；但是教师与学生的角色构成的社会关系——班级中，数学课堂教学中教师的主导作用又有“导”的一面，因而具有领导方式的因素。

数学教师在课堂教学中应当依靠自己的领导方式促进正常的班级气氛。在教学中遇到困惑的时候，如果仍然能坚持民主方式，那么他与学生的关系会得以维持。

第四节　高等数学教学语言应用

一、数学语言与数学教学语言

（一）数学语言

数学语言是科学语言，和其他科学语言一样，它是为数学目的服务的。几乎任何一个数学术语、符号都有它一套漫长而曲折的历史就说明了这一点。因而它与日常用语有着深刻的历史渊源，数的书写就是一个例子。

数学的符号与其他语言都是用来表示量化模式的。它是数学科学、数学技术和数学文化的结晶，是认识量化模式的有力工具。从这个角度说，数学教学就是传播数学语言，培养学生使用数学语言的能力，提高学生用数学语言分析和解决问题的能力。因而数学语言具有它自己的特点，这些特点主要表现在以下两方面：

第一，它是特定的语言，是用来认识与处理量化模式方面问题的特殊语言，虽然自然语言包括日常用语与科学用语，数学语言属于科学用语，但它与其他的诸如哲学、自然科学、社会科学、行为科学、思维科学等语言不同。这种特定语言的特定性并不妨碍其广泛使用。

第二，它是准确的，具有确定性而少歧义。俗语说“一就是一，二就是二”是说该是什么就是什么，用数字“一”“二”来表达这个意思就说明数学语言的确定性。日常用语的语音、词汇和语法都会随着语言环境的不同而有多种解释，甚至在一些社会科学中比如教育学中的许多用语都是这样。“教育”这个词本身就有多种解释，有时会造成歧义。数学语言包括概念、命题的表述以及推理过程的表述都没有这种情况。

（二）数学教学语言

数学教学除了运用数学语言表现数学教学内容以外，还要运用数学教学语言。如前所述，数学教学语言有日常用语和数学教学用语，它们在数学教学中的作用是不同的。

数学教学用语主要是用来将数学语言“转述”成学生所熟悉的语言，以增强数学语言的表现力；而数学教学中的日常用语主要用来进行组织教学，使教学活动顺利进行。

人类学家和语言学家认为，任何语言和任何方言都能够表达特定社会所需要表达的任何事物，但是，用某些语言来表达特定的事物需要“转述”。数学语言是一种特殊语言，向学生表达数学事实和数学方法时需要将数学语言转述成学生的语言。学生的语言是已经为学生内化了的语言，用它来转述数学语言能使数学语言内化，从而使数学语言所表现的数学内容内化为学生的认知结构。在此之后，内化了的数学语言又可成为学生的语言，它又可以用来转述新的数学语言。数学教学用语就是这样不断地用学生的语言转述数学语言，它的作用就是这种转述作用。

数学教学中教师所使用的日常用语，是用来进行组织教学的。组织教学是教学的组织活动，保持教学秩序，处理教学中的偶发事件，把学生的行为引向认识活动上来的控制与管理。为了组织教学，教师常要向学生发出一些指令、要求。“同学们，不要说话了”就是指示学生要静下来，把学生的注意力引向一元一次方程的求解上来。日常用语应当是学生明白的语言，不需要再转述。如果教师在组织教学时使用的语言过于成人化，不能为学生所领悟，就起不到组织教学的作用。随着学生言语的发展，教学中的日常用语逐渐“成人化”，因而教学中的日常用语也要与学生的言语发展水平相一致。

二、学生的言语发展与数学教学

（一）言语与思维

在语言学和心理学中，为了研究人类的尤其是学生的思维发展和语言发展，把个体在运用和掌握语言的过程中所用的语言称为“言语”。如果把某民族的语言归结为社会现象的话，那么个体的言语就是一种心理现象、个体化的现象，这种现象是在个体与他人进行交际时产生的。一个人用汉语与人家说话，说的“语”是汉语；所说的“话”（言）就是这个人的言语。说出来的“话”（言语）是汉语（语言）的使用和掌握，是个体对语言的掌握。简单地说，言语就是说话，是用语言说话。我们中国人用的是同一种语言，但可以说出大量的不同的言语；即使在数学教学中用数学语言，也可以说出许多不同的言语来。第一节里的“语言”，如果指“说话”，都可以换成“言语”。研究学生怎样使用语言就是研究学生的言语发展。

学生的言语发展与学生的思维发展的关系，就是语言和思维的关系。关于语言与思维的关系有各种不同的看法，其中有些与数学教学有关。

马克思和恩格斯认为，思维和语言“具有同样的历史”“‘精神’从一开始就很倒霉，注定要受物质的‘纠缠’，物质在这里表现为震动着的空气层、声音，简言之，即语言”。这就使我们看到了思维和语言的区别与联系。思维和语言属于两个范畴，思维精神，是语言的“内核”。语言是物质，是思维的“物质外壳”。思维要受语言的“纠缠”，二者密不可分。没有语言，就不可能有人的理性思维；没有思维，也就不需要作为思维活动承担者的工具和外化手段的语言。

思维是人的心理现象。它与注意、观察、记忆、想象等其他心理现象的区别是它具有创造性，创造性是思维的特征。苏联学者依思维的创造性的高低将思维分为再现性思维和创造性思维。再现性思维的特征是思维的创造性较低，这种思维往往在主体解决熟悉结构的课题时产生；创造性思维是获得的产物有高度的新颖性，创造性较高，这种思维往往在主体遇到不熟悉的情境中产生。这两种思维的区分不是绝对的。因为“创造性的高低”很难衡量。任何思维都有创造性，再现性思维是创造性思维的基础，没有在熟悉的情境中的规律性认识，在不熟悉的情境中难以有什么创造。因而任何思维都是再现性思维与创造性思维的结合。从心理学的观点看来，科学家和学生的创造性思维没有什么区别，科学家发现规律与学生的发现性学习有着共同的心理规律。但他们探求新规律的条件不同。科学家进行探求的条件是非常复杂、多样的真实现实；而学生在学习中探求接触的不是现实条件，而是一种情境，在这种情境中许多所需要的特征已被揭示出来，而次要的特征都被舍弃了。因而苏联学者将科学家的创造性思维叫作独创性思维，将学生的创造性思维叫做始创性思维。

苏联学者还依思维中意识介入的程度将思维分为直觉—实践思维和言语—逻辑思维。直觉—实践思维是在直观情境分析和解决具体的实践课题，具体对象或它们模型的现实动作的过程中产生的，这一点大大地减轻了对未知东西的探求，但这个探求的过程本身是在明确的意识的范围之外，是直觉地实现的。比如说，在骑自行车时，“骑自行车”这一直观情境中，分析和解决骑自行车这一具体的课题，是在一套动作中进行的思维，这个过程是在明确的意识之外进行的，因而是直觉—实践思维。言语—逻辑思维是在认识的情境中分析和解决抽象的理论课题，在进行理性的思考的过程中产生的，这个过程有明确的意识的介入。任何思维也都或多或少地有意识的介入，纯粹的毫无意识的思维并不存在。因此，直觉—实践思维中意识的介入少一些或不明确；言语—逻辑思维意识的介入多一些或很明确，而任何思维都是直觉—实践思维与言语—逻辑思维的结合。虽然直觉也是一种认识，但是主要通过动作、实践而不是通过理性的认识，因此直觉—实践思维还一时找不到言语来表达。与此不同的是，言语—逻辑思维这种认识由于意识的明显介入，主要通过理性活动来认识，能够准确地用言语来表达。由于有这种差别，人们往往把创造性思维与直觉—实践思维联系起来，把再现性思维与言语—逻辑思维联系起来。直觉—实践思维简称直觉思维，言语—逻辑思维简称逻辑思维。

（二）学生的内部言语与数学教学

语言有口头语言与书面语言两种形式；言语除了口头言语和书面语言以外，还有内部言语。口头言语是口头运用的语言，书面语言是用文字表达的语言，口头言语和书面语言又叫做外部言语。

内部言语是个体在进行逻辑思维、独立思维时，对自己的思维活动本身进行分析、批判，以极快的速度在头脑中所使用的语言。内部言语比起口头和书面语言，主要有以下特点：第一，内部言语的发音是隐蔽的，有时出声有时不出声。小学生或逻辑思维水平低的其他学生可能出声，思维水平高的则不出声。虽不出声，却在头脑中“发声”，这一点可由唇、口、舌等电流记录证明。即使出声也与口头言语不同，不那么响亮、连续，近乎嘟嘟囔囔，时隐时现。第二，内部言语不是用来对外交流，而是用来对自己要说的、要做的进行思考，对自己活动的分析、批判。当它有一定成熟意思后才表现为口头言语或书面语言。内部言语是“自己对自己说话”，在学生答题、做题、写文章的过程中会观察到这种内部言语活动，因此，它不像口头、书面语言那么流利，有时有些杂乱。第三，内部言语“说”得很快，很简洁，只是口头、书面等外部言语的一些片段。外部言语表达的意思通常完整，以句为单位，而内部言语却往往通过一个词或短句来表达同一个意思。因此比起外部言语来内部言语“说”得很快。在头脑里用内部言语打成的“初稿”到了外部说或写的时候就要扩大许多倍。

内部言语具有和口头、书面语言不同的上述特点，使内部言语居于更重要的地位。那就是，内部言语是口头、书面语言的内部根源，是逻辑思维的直接承担者和工具，逻辑思维通过内部言语内化。内部言语不仅是逻辑思维的物质基础，而且是思维发展水平的标志。思维活动越复杂，越需要复杂的内部言语活动，发展学生的逻辑思维能力直接表现为发展学生的内部言语水平；发展了学生的内部言语也就提高了学生的逻辑思维乃至整个思维水平。

内部言语是外部言语的根源，它与逻辑思维有更直接的联系，因此要注意学生内部言语能力的培养。数学教学通过发展学生的内部言语内化数学语言来发展学生的逻辑思维，进而发展直觉思维。为此，数学教师应当对学生的内部言语采取正确的态度，鼓励并引导学生大胆用内部言语进行数学思维，努力用正确的口头言语表达内部言语，用规范的书面语言表述内部言语。

第一，学生的内部言语在外部是可以通过仔细观察发现的。鼓励学生的内部言语除可以先心算后用外部言语表达外，还可以采取其他一些做法。比如可以先让学生起立，再问问题，让他立刻解答，这就逼迫他先“想”后做，这个“想”就是进行内部言语活动，不过，在这样做的时候，教师不能带有“考核”的意图，而要使学生明自这是教师对学生的鼓励。因此，无论答案正确与否，教师都要赞同他大胆“想”的行为。

第二，教师的积极引导。学生一般不懂得内部言语的重要意义，往往以为那是遇到数学问题时的“胡思乱想”。教师在课内外活动中应当向学生进行内部言语的示范，当然是出声的。也可以运用手势等非言语活动来表达内部言语活动。通过积极引导，使学生的逻辑思维与内部言语同步进行，用内部言语进行逻辑思维。

第三，教师要帮助学生将内部言语表述成正确的口头言语，使书面表述规范化。处于低水平逻辑思维的学生，其内部言语也比较混乱。纠正他错误思维的方法只能用外部言语的正确表述进行。即使是正确的内部言语，由于内部言语和外部言语的区别，用外部言语来表述的时候也可能出现困难。

至于发展学生的言语以发展学生的直觉思维等非逻辑思维的问题，也已引起了人们的重视。国内学者也提出了“培养学生的非逻辑思维能力也是数学教学的重要任务”的主张，而且因为逻辑思维是直觉思维的基础，任何逻辑方法都要借助于直觉，二者是相辅相成、互为补充的。因此，发展学生的言语尤其是内部言语不仅对发展学生的逻辑思维有直接的作用，而且对培养学生的直觉思维等非逻辑思维也是十分重要的。

三、教师的课堂语言

课堂语言分为口头语言和板书，它是教师的数学修养和艺术修养的直接表现。掌握和使用语言的艺术对数学教学效果起着最为直接的作用。

（一）数学语言与教学语言的对立统一

数学教师在课堂上的口头语言，无论是教学用语还是数学用语，既要讲究数学科学的科学性又要考虑学生的言语发展。因此，应当正确处理教学语言与数学语言的关系。

数学语言是科学语言，数学词汇是数学对象的抽象，有着确定的含义，用以表现形式化的数学思维材料；数学词语是数学对象相互关系的概括，有着严密的含义，用以表现逻辑化的数学思维材料；数学语句是表现数学思想方法的工具，用以表现形式化、逻辑化的数学思维材料。但是，数学教学语言是教学语言，又应当具有具体形象的性质、描述的性质以及现实的性质。因而，数学教师的口头语言应当是确定性、严密性、逻辑性与具象性、描述性、现实性的对立统一。而且讲解课程内容还应当是规定性与启发性的对立统一。

（二）口头语言的情感表现

数学课堂口头语言的运用不是单靠处理数学语言科学性与学生口语发展之间的关系就能完成的，重要的是以此为基础提高语言的表现力和感染力，表现某种情感。这种表现力来源于运用语言的技巧和修辞手法，依靠的是教学艺术修养的不断提高。

1. 运用语言的技巧

语言技巧是运用诸如节奏、强弱、速度和韵律的技巧。

节奏是运动的对象在时间上某种要素的有规则的反复，这种反复不是外部机械的，而是表现对象内部的秩序。有规则的反复能够引起人的意识的注意，节奏产生美感。火车轮子与铁轨撞击产生的有节奏的声响，表现了火车运动在时间上的规则性；音乐中的节拍表现了重音的周期重复，也是一种节奏。语言的节奏类似于音乐中的节奏，有规则反复的要素可以是声音的强弱，可以是字的间隔的长短，也可以是韵律。语言的节奏不是人们臆造出来的，而是语言本身包含的情感色彩在时间秩序上的体现。因此，语言的节奏表现的情感色彩增强了它的表现力。

在讲究语言技巧的运用，提高口头语言表现力的时候，要注意下列问题。

第一，表现情感不是描述情感。表现情感是用语言表现对象的个性特征，内部秩序性。在“如果……那么…”的命题中，“如果”在这个条件下，“那么”所说的结论成立，表现了内部的逻辑规律。描述则是概括。在日常生活中，表现害怕是用动作，说平时说不出来而害怕时脱口而出的话及害怕的表情等；如果不做动作，平常的表情，只说一些形容害怕的话来描述，“哎呀！我太害怕了！我简直怕得要死了！”别人也不会认为他害怕。因此，数学教学中过多地使用形容词、副词是一种危险。

第二，用语言表现情感，是由语言表述的对象本身的情感色彩决定的，不是人为的，因此不要为了表现而表现。对数学语言赋予情感色彩更是如此。首先是它的科学性，其次才是根据内部的逻辑关系和学生内化的程度来赋予某种情感。

2. 掌握修辞的手法

数学教学的口头语言可以运用各种修辞手法，比如形容、形象、反语、象征，修饰等，来提高表现力。

无论运用语言的技巧还是采用各种修辞的手法，在数学教学口头语言中尽量避免拖泥带水，与数学教学无关的话，那是“废话”；不说学生不懂的话，或把学生没学过的数学知识拿来炫耀一番，那是“玄话”；力戒滥用辞藻，花里胡哨，华而不实的“巧话”；不挖苦讥笑，趣味低级，不说有碍于精神文明的，“不卫生”的“粗话”；不能千篇一律地说一类话，陈词滥调、生搬口号、八股味浓，否则是“套话”；在情绪波动中要保持镇定的情绪，避免受学生的刺激说“气话”。废话、玄话、巧话、粗话、套话、气话，或与学生认识活动无关，或伤害学生，不仅降低了语言的表现力，而且不利于学生言语的发展，这是一定要注意防止的。

参考文献

[1] 蔡希文．“翻转课堂”模式在高等数学教学中的应用探究［J］．品牌研究，2018（6）：196-197.

[2] 曾庆茂，郭正光，周裕中，等．在高等数学教学中运用数学史知识的实践与认识［J］．教育教学论坛，2015（6）：115-116.

[3] 陈成钢，李维．教学名师视角下提高大学数学教学效率的教学策略［J］．现代大学教育，2014（4）：106-110.

[4] 程艳，车晋．高等数学教学理念与方法创新研究［M］．延吉：延边大学出版社，2022.

[5] 储继迅，王萍．高等数学教学设计［M］．北京：机械工业出版社，2019.

[6] 党生叶．选课制下课堂管理的实践与思考——以《高等数学》课程教学为例［J］．内江科技，2018，39（11）：149.

[7] 范林元．高等数学教学与思维能力培养［M］．延吉：延边大学出版社，2019.

[8] 冯建中．少学时高等数学课程的教学改革研究［J］．现代商贸工业，2019（3）：168-169.

[9] 桂德怀．高职高等数学课程改革研究综述［J］．中国职业技术教育，2010（17）：10-14.

[10] 华静．提高医学类学生数学应用能力的教学策略［J］．大学数学，2014，S1：111-114.

[11] 雷飞燕．浅析改善高等数学教学效果的主要途径［J］．西安邮电学院学报，2009（6）：171-174，177.

[12] 李岚．高等数学教学改革研究进展［J］．大学数学，2007（4）：20-26.

[13] 李培．试论高等数学中微积分的经济应用分析［J/OL］．当代教育实践与教学研究，2018.

[14] 李淑香，张如．高等数学教学浅析［M］．天津：天津科学技术出版社，2021.

[15] 刘淑芹．高等数学中的课程思政案例［J］．教育教学论坛，2018（52）：36-37.

[16] 罗卫华，王新民．高等数学和中学数学知识的衔接性研究［J］．高教学刊，2017（2）：193-194.

[17] 马建珍．浅谈《高等数学》选择题对学生思维品质的训练［J］．邢台学院学报，2018（4）：185-186，189.

[18] 彭国荣．高等数学教学方法的探索与实践研究［M］．长春：东北师范大学出版社，2016.

[19] 宋玉军，周波作．高等数学教学模式与方法探究［M］．长春：吉林出版集团股份有限公司，2022.

[20] 孙雪梅．数学教学设计［M］．哈尔滨：哈尔滨工业大学出版社，2014.

[21] 田园．高等数学的教学改革策略研究［M］．北京：新华出版社，2018.

[22] 王明春，潘惟秀，郭阁阳．大学数学与中学数学教学内容衔接研究［J］．高等数学研究，2010（5）：11-13.

[23] 王爽，李秀珍，赵永谦，等．高等数学数形结合教学法的研究与实践——以山东建筑大学为例［J］．山东建筑大学学报，2015（6）：600-606.

[24] 吴海明，梁翠红，孙素慧．高等数学教学策略研究和实践［M］．北京：中国原子能出版传媒有限公司，2022.

[25] 谢颖．高等数学教学改革与实践［M］．长春：吉林大学出版

社，2017.

[26] 许友军，刘小佑，刘亚春．高等数学课程教学改革的实践探索［J］．中国电力教育，2013（34）：92-93.

[27] 许友军，欧阳自根，廖新元．数学基础课程教育教学改革的实践探索［J］．中国电力教育，2014（33）：91-92.

[28] 殷俊峰．高等数学教学的理论与实践应用研究［M］．长春：吉林出版集团股份有限公司，2022.

[29] 张景川．基于翻转课堂教学模式下的“高等数学”微课实践与应用［J］．淮北职业技术学院学报，2018，17（6）：55-58.

[30] 赵乃虎．改善高等数学教学效果的主要途径［J］．西安航空技术高等专科学校学报，2010（1）：75-78.

[31] 朱小飞，梁林．分类招生背景下高等数学教学改革探索［J］．科技经济导刊，2018（33）：148-147.